모성센스가 이끄는
느긋한 육아

모성센스가 이끄는
느긋한 육아

초판 1쇄 인쇄 2014년 8월 5일
초판 1쇄 발행 2014년 8월 12일

지은이 진 블래크머
옮긴이 윤승희

책임편집 유명화
책임디자인 김혜림

펴낸이 이상순
주 간 서인찬
편집장 박윤주
기획편집 주리아, 김설아, 서한솔
디자인 유영준
마케팅 홍보 이상광, 이병구, 김태양, 박순주

펴낸곳 (주)도서출판 아름다운사람들
주소 (413-756) 경기도 파주시 회동길 103
대표전화 031-955-1001 **팩스** 031-955-1083
이메일 books777@naver.com
홈페이지 www.books114.net

모성센스가
이끄는

느긋한
육아

진 블래크머 지음
윤승희 옮김

아름다운사람들

과잉 육아에서
느긋한 육아로

"우리 모두 솔직해지자!"

나는 백화점에서 아이를 잃어버린 적이 있다. 애가 겨우 걸음마를 뗄 무렵에는 옷을 입은 채 수영장에 빠진 아기를 건져낸 적이 있다. 벌을 준다고 아이를 혼자 방에 가둬놓고 4시간 동안 잊어버린 적도 있다. 아침밥 대신 아이에게 케이크를 먹인 적도 있다. 아이스바 한 박스를 안겨주고 뒷마당에서 혼자 놀도록 방치한 적도 있다. 그것도 여러 번.

어쩌겠는가? 아이를 키우다보면 일상다반사로 겪는 현실인 것을. 거기에는 "올해의 장한 어머니 상" 수상소감에나 나올 법한, 보통 엄마를 주눅 들게 만드는 사례 따위는 없다. 아이를 잘 키우려면 그만큼 실패도 해봐야 한다. 나라고 남들에게 좋은 엄마라며 칭찬받고 싶은 마음이 없겠는가마는 그보다는 엄마로서의 경험을 글로 옮기고 싶은 욕망이 더 컸다.

어디로 튈지 모르는 개구쟁이 아이를 셋이나 키우고 있는 내가 무슨 짓을 했는지 상상도 못할 것이다. 에티오피아에서 아이를 두 명 입양했다. 울고, 싸고, 소리 지르는, 다섯 살도 안 된 아이 셋을 태우고 오스틴에서 위치타까지 여섯 시간 넘게 혼자 차를 몰다가 그만 감정을 주체 못하고, 고속도로 갓길에 차를 세웠던 기억이 생생하다. 창문에 얼굴을 짓누르며 "엄마!"를 외쳐대는 아이들을 차 안에 남겨두고 5~6미터 떨어진 풀밭에 주저앉아 10분 동안 울었던 내가 아이를 두 명이나 입양하기로 했다. 그것도 순전히 내 의지로.

왜냐고 묻고 싶을 것이다. 왜냐하면, 두려움과 좌절도 막지 못하는 원초적인 모성센스가 엄마로서의 삶이 이제껏 경험한 최고의 모험이었음을 다시금 일깨워주었기 때문이다. 훌륭한 엄마란 반드시 완벽한 엄마를 의미하지는 않는다. 가냘픈 첫아이를 안고 집으로 돌아온 우리를 기다리는 삶은 완벽과는 거리가 멀다. 엄마라면 누구나 실패를 경험한다. 누구나 좌절감에 압도당하고, 누구나 눈물을 흘린다. 자신의 실수가 너무나 한심해서 친구에게 말하지 못하는 것은 물론, 행여 시어머니 귀에 들어갈까 봐 전전긍긍한다.

하지만 그 이면에는 엄마만이 경험할 수 있는 순간들도 있다. 어느새 잠든 아이의 몸이 살포시 기대오는 순간. 잘 돌아가지 않는 혀로 열심히 들려주는 이야기가 너무 웃겨서 누군가에게 전화하고 싶어 견딜 수 없는 순간, 막 목욕을 마친 아기의 보송보송한 뒷덜미가 너무 사랑스러워 입 맞추고 싶은 순간. 아이의 눈물을 닦아주고, 더러워진 얼굴에 뽀뽀해주고, 작은 손을 잡아주고, 머리를 빗겨주는 순간. 그런 순간 우리는 죽어도 여한이 없을 것만 같이 넘쳐 오르는 사랑에 압도된다.

바로 그런 사랑이 모성센스이다. 아이를 안전하게 감싸주고, 한없이 넓은 세상에 그 작은 아이들의 가치를 새삼 되새기게 하는 그런 사랑. 나에게도, 이 책을 읽는 엄마들에게도 모두 그런 사랑이 있다. 그것은 모성의 언어다. 그러니 엄마들의 소통의 장을 계속해서 만들어나가자. 다 같이 실패에 집착하지 말고, 부모라는 미지의 여행길에서 경험할 웃음, 사랑, 모험을 기꺼이 받아들이자. 그 책임을 감사히 여기고, 행복한 여행이 되도록 기도하자. 부모로서의 삶은 생각보다 길지 않으니, 한순간도 놓치지 말자.

사랑을 담아.
- 젠 해트메이커(『아웃 오브 스핀 사이클(Out of the spin cycle)』 저자)

●

정답은 있다
모성센스를 믿어라!

최근 엄마의 역할에 관한 연구를 위해 미네소타 대학, 코네티컷 대학, 미국가치연구소(the Institute for American Values)의 사회과학 공동 연구팀이 면밀하고 광범위한 조사를 실시했는데, 조사에 참여한 어머니들 가운데 93퍼센트가 자녀를 돌보는 데 있어서 어머니는 아무도 대신할 수 없는 특별한 역할을 하고 있다고 답했으며, 81퍼센트는 어머니로서의 역할이 자신이 하는 일 가운데 가장 중요한 부분이라고 답했다. 이 여성들은 또한 양육 기술을 향상시키고자 하는 욕구가 매우 크다고 답했다. 오늘날 여성들은 많은 기회를 누리고 있지만, 그럼에도 불구하고 조사에 참여한 이 어머니들은 엄마로서의 역할이 자신의 삶에서 매우 중요한 부분이라고 믿으며, 더 좋은 엄마가 되고 싶어 한다.

나는 우리가 이미 알고 있는 것과 새로 얻은 지식을 결합한 다음, 여기에 성장하고자 하는 의지를 더하고, 그 위에 자신이 갖고 있는 모성센스를 신뢰했으면 한다. 그래서 이 책을 썼다. 어머니로서 스스로의 역할에 신념을 가지고, 자신의 직관을 믿고, 자녀를 소신껏 키우기 위해 필요한 기술을 발전시켜나가는 것이 이 책이 지향하는 목표다.

이 책은 500명의 어머니들을 대상으로 실시한 설문조사로부터 얻은 엄마들의 실제 경험담과 인용문을 'Mom's Talk' 코너를 통해 소개한다. 또 전문가 의견과 함께 각 꼭지 말미마다 'How to…'라는 제목하에 여러 가지 문항을 제공하여 독자들이 혼자 혹은 그룹으로 자신의 모성센스를 진단하고 판단해볼 수 있는 기회를 제공한다. '내 안의 모성센스 연습 편(Chapter 14)'에서는 엄마들이 겪을 수 있는 실제 상황을 제시하여 독자들이 자신의 모성센스를 직접 실천에 옮겨볼 수 있도록 했다.

나의 간절한 바람은 독자들이 자신에 대해 더 잘 알게 되고, 육아를 '연습'하는 과정에서 우리가 발휘하는 능력이 얼마나 특별한 재능인지 깨닫는 것이다. 내가 군이 '연습'이라고 표현하는 이유는 엄마로서 아이를 키우는 것은 끊임없이 배우는 과정이기 때문이다.

아무도 어머니의 역할을 완벽하게 습득할 수 없다. 상황에 따라, 아이에 따라, 아이를 키우는 사람에 따라 역할은 달라지기 때문이다.

이 글의 목적은 엄마들에게 가르치고 지시하는 것이 아니다. 오히려 독자들이 인생에서 '엄마'라고 불리는 단계를 겪으면서 자신과 가족을 위해 저마다 최선의 결정을 내릴 수 있도록 도움을 주는 것이 목적이다. 우리를 돌이킬 수 없이 변화시키고, 끊임없이 과제를 던져주며, 더 나은, 더 강한 그리고 더 당당한 어머니가 될 수 있도록 이끄는 삶의 한 여정을 함께하고 싶은 것이다.

이제 함께하는 그 여정의 첫발을 내딛는다.

건투를 빌며, 진 블래크머

차례

3부 과잉 육아에서 느긋한 육아로!

1부

모성센스의
발견

모성센스란 무엇일까?

엄마들의 정신없는 일상을 이해하는 불가사의한 방식. 무엇이 내 아이에게 최선인지에 관한 깊은 이해와 아이들의 알아들을 수 없는 옹알이를 해석하는 탁월한 능력. 다른 이들이라면 인간의 이해 능력 밖이라고 할 만한 단서들로부터 엄마들이 얻어내는 의미.

– 로리, 세 아이의 엄마

내 아이에게 최선의 엄마가 될 수 있게 해주는 특별한 육감. 갈피를 잡지 못하고 헤맬 때 들려오는, 반드시 귀 기울여야 하는 작은 목소리.

– 멜리사, 한 아이의 엄마

엄마로서 해결해야 할 일상의 과제에 대한 저마다의 이해 방식.

– 리사, 두 아이의 엄마

집안이 너무 조용할 때, 내 아이가 뭔가 사고를 치고 있음을 감지하는 초능력.

– 베키, 세 아이의 엄마

엄마로서 무엇이 내 아이에게 최선이고, 무엇이 내 아이에게 효과적인지를 아는 것. 사람은 누구나 생각이 다르지만, 엄마가 되면 자신의 아이에게만큼은 전문가가 된다.

– 라시, 세 아이의 엄마

엄마로서 자신감을 갖는 것. 엄마가 되면 특별한 자신에 대한 "센스"를 갖게 된다.

– 니콜, 세 아이의 엄마

다른 사람들은 이해 못하는, 상황을 파악하는 엄마들만의 감각.

– 레이나, 한 아이의 엄마

내 가족을 지탱하는 상식, 지식, 직관, 개인적인 삶의 경험을 모두 합한, 신이 주신 능력.

– 해리엣, 여섯 아이의 엄마

·

chapter 1

엄마가
된다는 것

모성 본능 + 상식 = 모성센스

모성본능은 여성들이 양육에 활용하는 직관이며, 학습하는 것이 아니라 처음부터 주어지는 것이다. 직감, 촉, 육감 혹은 그저 감이라고도 할 수 있다.

상식은 실질적인 문제 해결에 사용하는 올바른 이성과 건전한 판단이다. 때때로 상식은 어머니로서의 직관과 한데 어우러지기도 하지만, 여성들은 학습을 통해 상식을 얻고 이를 증진시켜 양육 기술을 얻는다.

여성은 어머니로서의 역할이 늘어감에 따라, 즉 자녀가 필요로 하는 확고하고, 믿음직하고, 안정적이고, 사랑으로 충만한 어머니가 되어감에 따라 직관과 상식을 결합하고 이에 대한 의존도를 높여간다.

내가 처음 엄마가 되었을 때, 모성센스를 최저 1점에서 10점까지 나타낸 수치로 나의 모성센스 점수를 매겨보았더니 약 2.5점이, 아니 2점 보다 3점에 조금 더 가까운 점수가 나왔다.

형편없음 1 . . . . 10 **훌륭함**
▲

나는 '엄마가 되기 위한 훈련'이라고는 전혀 받아본 적이 없었다. 다른 엄마들도 대부분 그렇겠지만, 내가 아닌 또 다른 인간을 기르는 기술보다 자동차를 운전하는 기술을 배우는 데 더 많은 훈련을 받았다.

아기를 돌본 경험도 거의 없었다. 엄마가 되리라고는 별로 생각해보지 않았었다. 나의 관심은 온통 학업과 진로 문제에 쏠려 있었다. 그러다가 한 남자를 사랑하게 됐고, 그 남자와 결혼했다. 몇 년 후 우리는 아기를 갖기로 했다. 마치 점심 메뉴를 결정하듯 너무나 쉽게 임신을 결정했다. 우리는 이 결정에 대해 별로 오래 생각하지도 않았고 그 결정이 무엇을 의미하고, 앞으로의 삶을 어떻게 바꾸어놓을지 깊이 고민하지도 않았다. 그냥 마음을 정하고 뒤돌아보지 않았다.

몇 달 후, 병원에서 첫아기를 안은 나는 평생 경험하지 못한 사랑을 느꼈다. 동시에 평생 가져보지 못한 강한 의지와 책임감을 느꼈다. 그리고 너무나 무서웠다. 모르는 것이 너무 많았다. 아기를 키우는 데 필요한 지식을 짧은 시간에 습득해야 했다. 나는 병원에서 제공하는 교육용 동영상을 거의 모두 보고 간호사들에게 끊임없이 질문했다. 마침내 나는 용감하게 병원 문을 나서 아기를 집으로 데리고 왔다. 그리고 남편이자 멀고도 험한 육아의 길을 함께할 동지인 제인과 아기를 돌보기 시작했다.

내가 얼마나 무지했는지 보여주는 사례가 있다. 나는 신생아들이 거무스름하고 끈적끈적한 변을 본다는 얘기를 들어본 기억이 없었다. 병원에 있을 때는 남편이 기저귀를 도맡아 갈았다. 그래서 난생처음 기저귀라는 것을 갈다가 검은 변을 발견한 나는 아기에게 뭔가 심각한 문제가 있는 줄 알았다. 혼비백산해서 간호사에게 전화했더니, 상황을 파악한 간호사는 침착하게 아기의 변은 지극히 정상이라고 설명해주었다.

『사랑이 다가왔다(Love Walked In)』의 저자 마리사 데 로스 산토스는 느닷없이 닥치는 부모의 역할에 관해 다음과 같이 깔끔하게 정리했다.

어떠한 상황에서든 부모의 역할은 느닷없이 주어진다. 아무도 준비된 상태로 부모가 되지는 않는다. 모두들 무방비 상태에서 부모가 된다. 부모의 역할이 우리를 선택하는 것이다. 어느 날 눈을 떠 자신의 품에 던져진 공을 보며 "어머, 세상에"라고 외쳐보지만, 그래봐야 지금 자신이 안고 있는 공은 보통 공과는 달라서 절대로 떨어뜨려서는 안 된다는 것을 깨달을 뿐이다.

처음 엄마가 되었을 때, 나는 내가 아닌 다른 누군가를 키워야 한다는 막중한 책임감에 짓눌렸다. 그런 책임감이야말로 절대로 떨어뜨려서는 안 되는 공을 안고 있는 심정과 같았다. 그래서 아무 대책없는 초보 엄마였음에도 나는 무엇이든 배울 준비가 되어 있었고, 지금도 그렇다. 나는 책을 읽었고, 다른 엄마들과 이야기했고, 엄마들의 모임에 가입했고, 남편과 끊임없이 의논했고, 그때까지 평생기도한 것보다 더 많이 기도했고, 시도 때도 없이 의사에게 전화해서 질문했다. 그리고 시행착오를 겪으면서 많은 것을 배웠다. 경험은 배움의 훌륭한 도구다. 성공한 경험이든 실패한 경험이든 상관없다.

나의 어이없는 실패담 중에서도 절대로 잊을 수 없는 사건이 하나 있다. 첫아이인 조시가 10개월 정도 되었을 무렵, 어느 날 아침이었다. 잠에서 깬 조시가 배가 고프다고 울어댔는데 도저히 달랠

수가 없었다. 조시를 아기 의자에 앉히고 냉장고를 열어본 나는 그
제야 이유식이 떨어졌다는 것을 깨달았다. 아기에게 무엇이든 먹
여서 자지러지는 울음을 멈추게 해야 한다는 생각에 허둥대던 나의
눈에 무설탕 천연 재료로만 만들었다는 젤리 병이 들어왔다. 흠, 저
거면 괜찮지 않을까? 이유식이랑도 비슷하고 과일이 주재료니까.

나는 젤리 병을 열고, 비행기 모양의 아기 스푼을 서랍에서 꺼낸
다음 보라색 젤리를 떠서 조시의 입에 넣어주었다. 조시가 젤리를
맛있게 먹었다! 먹이를 받아먹는 아기 새처럼, 조시는 한 스푼 떠먹
이기가 무섭게 더 달라고 입을 벌렸다. 좋아서 주먹을 꼭 쥐고 발을
바동거리기까지 했다. 그때 남편 제인이 들어왔다.

"어, 여보, 조시 그거 먹으면 안 될 거 같은데⋯⋯."

"왜? 과일로 만들었고 설탕도 안 들었다는데. 애도 이렇게 좋아
하잖아."

나는 대답하는 동안에도 조시의 입에 젤리를 떠 넣었다. 그때 갑
자기 아기가 이상한 소리를 내는가 싶더니, 아기 의자에 달린 쟁반
이 보라색 물질로 뒤덮였다. 조시는 젤리를 모두 게워내고, 당연한
일이지만 다시 울기 시작했다. 나는 어찌할 바를 몰랐다. 예상치 못
한 상황이었다.

지금도 조시는 젤리를 먹지 않는다. 하지만 아들은 아무 탈 없이
건강하게 자라 이제는 어엿한 대학생이 되었다. 나머지 두 아들들

도 건강하게 잘 자라주었다. 시간이 가면서 나는 나 자신에 대해, 나의 강점과 약점에 대해 더 잘 알게 되었고, 내 직관을 믿어야 될 때와 타인의 조언을 구해야 될 때를 구별할 수 있게 되었다. 가족이며 친구일 뿐 아니라, 부모라는 여정을 함께해 준 진정한 동반자인 내 남편 제인이 없었다면 불가능했을 것이다. 또, 다른 엄마들과 함께 긴밀한 모임을 결성하게 된 것에도 특별히 감사한다. 고민과 갈등의 시간을 함께 보내고, 조언이 필요할 때는 언제나 이야기를 나눌 수 있는 좋은 친구들이다. 고맙게도 지금도 이 친구들과는 서로 연락을 주고받는다.

초보 엄마로서 나의 모성센스 지수는 높지 않았지만, 나는 스펀지처럼 정보를 받아들였고 친구, 가족, 멘토들로부터 도움을 구했다. 이렇게 얻은 정보와 도움들을 실제 아이를 키우는 데 적용했다. 이 책을 읽는 많은 엄마들처럼 나는 아직도 배우는 중이다. 내가 도달할 수 있는 최고 경지의 엄마가 되고 싶기 때문이다.

선물 상자를 열어보는 순간을 싫어하는 사람이 있을까?

예쁘게 포장한 선물 꾸러미를 보면서, 내용물이 뭘까 상상할 때 마음은 한껏 들뜬다. 어떤 사람은 조심스럽게 테이프를 뜯어내고 다음에 또 쓸 수 있도록 포장지를 잘 개어둘 것이고, 어떤 사람은 포장지를 되는 대로 뜯어 아무렇게나 던져놓을 것이다. 하지만 포장지 안에 어떤 보물이 들어 있을지 궁금해 못 견디는 심정은 누구나 마찬가지일 것이다. 누군가가 내가 어떤 사람인지, 무엇을 좋아하고, 지금 필요한 것은 무엇인지를 고려하여 나만을 위해 특별히 고른 물건일 테니 말이다.

자신의 모성센스를 발견하는 것 또한 근사한 리본을 맨, 특별한 선물상자를 여는 것과 크게 다르지 않다. 상자 안에는 각자 개성을 고려해 특별히 디자인한, 한 사람만을 위한 선물이 담겨 있다.

이제 상자를 열고 나만의 남다른 모성센스를 발견할 시간이다. 포장을 풀고 내 안에 있는 엄마로서의 직관과 상식의 오묘한 조화를 드러내보자.

자, 이제 시작이다. 내 안에서 때를 기다려온 나만의 재능, 나만의 독특한 모성센스를 끄집어내자.

상식이란 무엇인가?

> 상식은 사람들이 대부분 갖고 있는 것이다. 상식이 있으므로 우리는 '누런색 눈은 먹으면 안 된다, 자동차가 달려 올 때 길을 건너면 안 된다'는 것 등을 알 수 있다.
>
> – 킴벌리, 세 아이의 엄마

> 살면서 흔히 닥치는 상황에 대한, 무엇이 옳고 무엇이 그른지 등에 대한 이해. 가령 남들 앞에서 코를 후비지 않는 것.
>
> – 스테파니, 두 아이의 엄마

> 말 안 해도 다 아는 것들.
>
> – 헤더, 두 아이의 엄마

> 아이들 빼고 모든 이들이 납득하는 것.
>
> – 베키, 세 아이의 엄마

chapter 2

모성센스의
발견

상식의 가장 일반적인 정의는 '실생활에서 닥치는 문제들에 대한 올바른 지각과 건전한 판단'이다. 하지만 상식이 무엇인지를 정확하게 파악하기란 결코 쉽지 않다. 나는 얼마 전 상식에 관해 진지하게 생각해보는 계기가 된, 조금은 묘한 경험을 했다. 살인사건 재판을 위한 배심원단 후보로 선정되었던 것이다.

배심원단 후보로 선정되었다는 통보를 받으면 아마 비슷한 생각들을 할 것이다. '웬만하면 피하고 싶어!'가 솔직한 심정일 테고, 통지서는 못 본 척 휴지통에 넣어버리고 싶을 테지만, 그럴 수 없다는 것을 잘 알고 있다. 통지를 받은 이상 나가야만 한다. 게다가 내가 배심원으로 참석하게 될 재판은 몹시 암울한 사건을 다루고 있었다. 피고는 1급 살인 혐의를 받는 남자였다.

심각한 사건이었던 만큼 내가 뭔가 중요한 일을 하고 있다는 느낌이 들었다. 사회에 매우 큰 보탬이 되는 일이라는 생각이 들었던 것이다. 여러 가지 의문들이 떠올랐다. 피고가 사실은 결백하다면 어떻게 하지? 정당방위는 아니었을까? 어쩌면 사전에 계획된 무자비한 살인일지도 몰라. 진실이 뭘까? 어느새 나는 사건에 완전히 몰입해 있었다.

드디어 배심원 선정 절차가 시작되었다. 판사가 배심원 후보 한 사람 한 사람에게 질문을 하고 그 과정에서 많은 사람들이 걸러졌다. 한 사람이 후보에서 제외되면, 그 사람을 대신할 사람을 판사가 호명했다. 심사가 시작된 지 한 시간여 만에 내 이름이 호명되었다. 나는 배심원석에 섰다. 잔뜩 긴장한 나를 향해 판사는 앞서 후보들에게 했던 질문을 하나하나 되풀이했다. 다른 배심원 후보들이 알고 있는 정보들을 나도 알아야 했기 때문이다. 판사의 질문이 끝나자 이번에는 변호사가 나섰다.

피고 측 변호인은 곧바로 합리적 의심과 상식에 의거해 전반적인 질문에 들어갔다. 피고는 살인을 한 것이 확실했지만, 그가 범한 살인이 1급인지 2급인지가 명확하지 않았다. 1급이냐 2급이냐에는 분명한 차이가 있었다. 따라서 변호인은 검찰이 배심원들에게 합리적 의심의 여지가 남지 않도록 범죄 사실을 입증하는 데 필요한 모든 증거가 존재함을 입증해야 한다고 강조했다. 그런 다음 그는 벽에 다음과 같은 슬라이드를 걸었다.

합리적 의심이라 함은 이성과 상식에 의거한 의심으로 사건에 관련된 모든 증거, 또는 증거의 부재에 관한 공정하고 이성적인 사려로부터 나오는 것이어야 한다.

TV 범죄 드라마를 보면 변호사들은 대개 합리적인 의심 쪽에 무게를 두지만, 당시 변호인은 상식 쪽을 더 강조했다. 변호사는 이같은 태도에 입각하여 질문을 시작했고, 그 첫 대상은 나였다.

"블랙머 씨. 자료에 아이 엄마로 되어 있는데 맞습니까?"

"네, 아들이 셋 있습니다." 변호사의 질문에 내가 대답했다.

"어머니로서의 역할을 수행하는 데 상식을 활용해야 하는 경우가 자주 있다고 보십니까?"

"물론입니다. 매일 그렇지요."

"상식을 어떻게 정의하시겠습니까?"

예상치 못한 질문에 나는 잠시 머뭇거렸다.

"음, 글쎄요. 상식은 내가 그냥 옳다고 알고 있고, 대부분의 다른 사람들도 동의하는 사실이라고 생각합니다. 무엇이 옳고 그른지에 대한 기본 지식 같은 것입니다."

나는 상식을 정확하게 정의 내리는 것이 얼마나 어려운지 깨닫기 시작했다.

"본 사건에 대해 본인의 상식을 어떻게 적용하겠습니까?"

변호사가 물었다.

"글쎄요……. 우선은 모든 증거를 보고 들어야겠지요. 또 증인들의 증언을 듣고, 피해자가 어떻게 죽었는지 전문가 의견도 듣고, 다른 배심원들의 의견도 들어본 다음 내가 들은 사실과 알고 있는 것, 내 감이 이끄는 대로 최선의 결론을 내려야 할 것 같습니다."

심사가 진행되는 동안, 변호사의 질문들은 내가 믿고 있는 바와 그 근거에 대해 다시금 생각하게 만들었다. 다른 사람들의 대답을 듣는 것도 흥미로웠다. 누가 옳다 그르다 말할 수 없는 상황이었다. 모두 다른 대답을 했지만 다들 나름대로 논리적이고 의미 있는 대답이었다. 또 모두가 상대방의 의견에 찬성하든 그렇지 않든 존중한다는 점도 인상적이었다. 모두들 다른 사람의 말을 열린 마음으로 경청하면서 그로부터 배우고 있는 것 같았다.

나는 내 인생과 그 엄숙한 작은 법정에서 경험하고 있는 일들 사이에서 연관성을 느끼지 않을 수 없었다. 배심원 후보들은 각자 자신의 상식을 동원하여 다른 누군가의 미래에 관해 결정하도록 법정에 불려 나왔다. 엄마들 또한 날마다 자신의 모성센스를 동원하여

모성센스가 이끄는 느긋한 육아

우리의 영향권 안에 있는 이들, 즉 아이, 남편, 친구들의 미래를 결정하고, 그들이 어떤 사람이 되는가에 영향을 미친다. 타인의 삶에 지대한 영향력을 행사하는 것이다. 우리의 모성센스에서 커다란 부분을 차지하는 것이 바로 우리의 상식이다.

아이를 키우는 데 있어서 상식, 즉 매일 닥치는 현실적 문제를 해결하는 데 사용하는 올바른 지각과 건전한 판단은 매우 중요하다. 상식은 엄마들이 무엇을 선택하고, 어떻게 살아가고, 어떻게 서로 다른 상황에 대처할지를 결정하기 때문이다. 우리는 정보를 찾고, 타인의 의견을 구하지만, 결국에는 서로 다른 결론을 내린다. 사람들마다 지문이 다른 것처럼, 엄마들의 선택도 저마다 다 다르다.

법정에서의 경험은 커다란 깨달음을 주었고, 나 자신을 재발견하는 놀라운 계기가 되었다. 나는 내가 믿고 있던 바에 대해 다시 생각해보고, 수많은 낯선 이들 앞에서 내가 무엇을 왜 믿는지에 대해 말로 설명해야 했다. 법정을 나설 때쯤, 그날의 모든 경험으로 인해 나는 훌쩍 성장해 있었다. 더 이상한 점은 한나절 정도를 함께 보낸 사람들이 모두 잘 아는 사람처럼 느껴졌다는 점이다. 함께 보낸 시간 덕에 우리는 유대감을 갖게 됐다. 나는 그들 하나하나의 직업, 미스터리 물을 읽어봤는지 여부는 물론, 민감한 사안에 대해 어떤 생각을 갖고 있는지도 알게 됐다. 우리는 서로 의견을 경청했고, 서로의 다름을 존중했다. 멋진 일이었다.

나는 내가 배운 것들을 다른 엄마들에게 전하고 싶다. 왜냐하면 상식에 대해 배우고 자신의 믿음을 정확히 말로 표현하는 것은 개인적인 성장의 중요한 기회이며, 나아가 어머니로서의 양육 기술을 배가시킬 것이기 때문이다. 상식을 정의하는 과정만으로도 좋은 훈련이 될 수 있다.

그렇다면 모든 사람은 동일한 수준의 상식을 보유하고 있을까?

똑똑한데 상식은 부족한 사람들이 우리 주변에 한두 명쯤 있기 마련이다. 나도 그런 사람을 몇 명 알고 있다. 과학자, 수학과 교수, 의사, 영어 교사 등 머리는 좋지만, 사는 데 필요한 평범한 지혜는 부족한 사람들 말이다. 한 예로, 고등학교 시절 친구와 함께 쿠키를 구운 적이 있는데, '팬 바닥에 기름을 칠한다'라는 조리법을 읽은 친구는 그 문장을 곧이곧대로 해석했는지 베이킹팬을 뒤집어 밑면에 버터를 발랐다. 그걸 보면서 '쟤는 어떻게 저런 걸 모를까' 하고 혼자 생각했던 기억이 난다.

이처럼 나는 모든 사람이 동일한 수준의 상식을 보유하는 건 아니라고 생각하지만, 살면서 이런저런 경험을 하다 보면 상식은 느는 것이라고도 생각한다. 성경책에도 분별 있게 살라는 가르침이 있다. 특히 잠언은 삶의 지혜들로 가득하다. 잠언 16장 22절에는 '슬기로운 사람에겐 슬기가 생명의 샘이 되나 어리석은 사람에겐 그 어리석음이 벌이 된다'라고 나와 있다.

이제 우리가 상식을 어떻게 활용하는지, 그 결과 우리의 모성센스가 어떻게 성장하는지 진지하게 고민해보자.

 **How to…**

▸ <u>스스로 상식이 풍부한 편이라고 생각하는가? 그렇게 생각하는 이유는?</u>

▸ 어떤 경험들이 상식을 넓히는 계기가 되었는가?

▸ 아이를 키우는 데 상식을 어떻게 활용하는가?

▸ 아이들의 상식을 넓히는 데 어떤 도움을 줄 수 있을까?

▸ 상식에 대한 나만의 정의를 내려보자.

Mom's Talk **어머니의 양육이 나에게 어떤 영향을 미쳤는가?**

어머니의 역할은 눈에 띄지 않는 곳에서 이루어지는 엄청난 수고를 동반한다는 것을 깨달았다. 또 절대 대물림하고 싶지 않은 일이 무엇인지도 깨달았다.

— 세라, 세 아이의 엄마

우리는 사랑받고 있음을 느끼긴 했지만, "사랑한다"라는 말은 많이 듣지 못하고 자랐다. 나는 내 아이들에게 하루에 열다섯 번쯤 사랑한다고 말한다.

— 신디, 세 아이의 엄마

나는 아이들과 즐겁게 놀 줄 안다. 어머니는 웅덩이에서 흙탕물 튀기며 뛰어노는 법을 가르치셨다.

— 미셸, 세 아이의 엄마

나는 스스로 어머니와는 정반대라고 생각한다. 나는 내 어머니의 양육 방식을 좋아하지 않았다.

— 가브리엘, 한 아이의 엄마

나는 정말 느긋한 엄마다. 우리 엄마는 히피였고, 나도 육아 문제에서는 만사태평이다.

— 헤더, 네 아이의 엄마

어머니는 본능을 믿으라고 가르치셨다.

— 애널리스, 한 아이의 엄마

우리 엄마는 대단하셨다. 나는 엄마처럼 침착해지려고 노력한다. 우리 엄마가 나와 내 여동생을 사랑했듯 내 아이들을 사랑하려고 한다. 엄마로서 내 삶의 하루하루는 내 어머니로부터 영향을 받는다.

— 크리스틴, 두 아이의 엄마

•

chapter 3

모성본능
그 이상의 것

　　엄마가 된 것은 이제껏 내 인생에서 가장 큰 사건임에 틀림없다. 나 이외에 다른 인간을, 그것도 처음 얼마 동안은 온전히 나에게 의지해야 하는 존재를 돌보고 사랑하는 축복은 나도 모르던 '새로운 나'를 일깨워주었다. 다른 사람의 요구를 내 자신의 요구보다 우위에 두는, 평생 걸려야 도달할 수 있는 경지에 느닷없이 가까이 다가선 느낌이었다. 어머니가 됨으로써 나는 나를 초월하여 완전히 새로운 방식으로 살게 되었다. 엄마와 자녀 하나하나를 잇는 깊은 사랑과, 그 사랑이 만들어내는 두 사람 간의 유대로 인해, 나 아닌 다른 누군가를 위해 내 전부를 바치고 싶다는 열망이 생겼다.

무엇보다, 엄마로 살면서 나는 성장했다.

성장한다는 것, 어린 시절에서 성인의 단계로 넘어가는 것은 매우 신나면서도 동시에 고통스러운 과정일 수 있다. 엄마가 되어 경험하는 성장도 마찬가지다. 엄마로서 겪는 새로운 경험과 감정, 가령 눈앞에서 아기가 커가는 모습을 지켜볼 때의 느낌은 세상에서 그 무엇보다도 경이롭다. 하지만 동시에 어머니의 역할은 매우 고되고 생전 처음 맞닥뜨리는 엄청난 과제를 안겨주기도 한다.

성장을 통해 사람들은 자신에 대해 알아간다. 자신의 타고난 재능과 약점은 무엇이고 스스로 자신이 어떤 사람이며 왜 그런 사람이 되었는지 이해하는 과정을 겪으면서 대부분의 여성들은 자신의 어머니를 되돌아보게 된다.

엄마와 아이의 관계야말로 다른 모든 인간관계를 형성하는 밑거름이 된다. 『맘 팩터(The Mom Factor)』의 저자인 헨리 클라우드와 존 타운센드는 이렇게 역설한다.

엄마와 자녀 관계의 질은 두 사람 사이의 문제를 결정할 뿐 아니라 자녀의 삶 전반에 걸쳐 엄청난 영향력을 갖는다. 우리는 어머니로부터 친밀감, 관계형성, 분리를 학습하고 좌절, 불편한 감정, 기대와 이상, 슬픔과 상실감을 조절하는 법을 비롯해 우리의 감성지능을 형성하는 여러 가지 요소들을 학습하는데, 이는 사랑과 일에서의 성공 여부를 결정하는 부분이기도 하다. 간단히 말해 다음 두 가지가 우리의 감성적 발달을 크게 좌우한다.

1. 어머니는 나를 어떻게 양육했는가.
2. 어머니의 양육 방식에 대해 나는 어떻게 반응하였나.

엄마가 되는 것은 커다란 책임을 떠안는 일이지만, 그 또한 성장의 한 부분이다. 이 책임을 받아들이되, 완벽해지기 위해서가 아니라 과거로부터 배운 교훈을 현재에 적용하고자 최선을 다할 때, 우리는 밝은 미래를 기대할 수 있을 것이다.

어머니가
물려준 선물

대부분의 사람들에게 어머니에 대한 기억에는 좋은 부분과 나쁜 부분이 섞여 있다. 우리의 어머니라고 해서 완벽할 수는 없었다. 잘할 때도 있고, 못할 때도 있었을 것이다. 자칫 "엄마는 왜……"라며 원망부터 늘어놓기 쉽지만, 여기서는 그런 이야기를 하자는 것이 아니다. 필자가 말하고자 하는 바는 과거의 경험들을 거울 삼아 엄마로서 최고의 선택을 하는 것, 즉 배움을 토대로 모성센스를 증강

시키자는 것이다.

어머니와 긴밀한 관계를 맺지 못했거나, 어머니와의 긍정적인 경험이 없는 사람들은 과거를 되돌아보는 과정이 고통스러울지도 모른다. 만일 그렇다면, 누군가 신뢰할 수 있는 사람, 예를 들어 상담사, 목사, 친구, 또는 멘토와 상의해보고 그들의 도움을 받을 수도 있을 것이다. 어머니 외에 할머니나 언니처럼 인생 선배로 따르는 인물이 있을 것이다. 그런 인물이 자신의 삶이나 어머니가 되어 아이를 키우는 과정에 미친 긍정적 영향력을 생각해보자.

잠시 시간을 내어 다음 질문에 답해보면서 우리의 어머니들이 물려주신 선물에 대해 생각해보자.

- 어머니의 가장 좋은 점은 무엇이라고 생각하는가?
- 어머니의 강점은 무엇인가?
- 어머니의 자랑스러운 점은 무엇인가?
- 어머니가 극복해야 했던 어려움은 무엇인가?
- 어머니가 나에게 각인시킨 가치는 어떤 것들이 있는가?
- 어머니와 함께한 가장 좋았던 기억은 무엇인가?
- 어머니는 나에게 어떻게 사랑을 표현했는가?

다음은 나는 어떤 점에서 나의 어머니와 달라지고 싶은가에 대한 질문이다.

- 어머니의 어떤 점이 나를 가장 힘들게 했는가?
- 내 어머니의 약점은 무엇인가?
- 어머니와 함께했으면 하고 바라는 것은 무엇인가?
- 어머니의 행동 가운데 내가 따라하고 싶지 않은 부분은 무엇인가?

 Tip 유대감을 형성하는 방법

어머니와 감정적으로 긴밀하지 않았던 여성은 자신의 아이와도 유대감을 형성하기가 어렵다. 『시크릿츠 오브 유어 패밀리 트리 (Secrets of Your Family Tree)』라는 책에서 제시하는 방법을 응용하여 타인과 감정적인 유대를 맺는 능력을 키우는 방법 몇 가지를 알아보자.

▶ 안전하면서도, 무조건적인 지지를 기대할 수 있는 관계를 한두 사람과 시작함으로써 유대를 맺는 법을 배울 수 있다. 유대 관계를 맺으려는 노력은 냉담하거나 비판적 태도에 부딪치면 위축되지만, 포용과 따뜻한 배려를 만나면 꽃을 피운다.

▶ 스스로 긴밀한 관계를 맺는데 거부감을 갖고 있지 않은지 생각해본다. 스스

로 구차해진다는 느낌이 들면 움츠러들지는 않는가? 자신이 상처받으면 관계의 가치를 깎아내리지 않는가?

▶ 감정적인 문제에 있어서 모험을 두려워해서는 안 된다. 누구에게도 말하지 않는 것이 있는가? 그렇다면 안전하고, 무조건적인 지지를 해줄 것 같은 사람을 골라 과감히 털어놓고, 그 상대가 내가 진 마음의 짐을 나눌 수 있도록 마음을 열자.

▶ 다른 사람과 깊은 수준의 감정 공유를 하도록 도전해본다.

▶ 스스로 친밀한 관계를 필요로 한다는 사실을 받아들인다. 신은 인간으로 하여금 서로를 필요로 하도록 창조했으므로, 결국 타인과의 친밀한 관계가 우리의 영혼을 채운다는 점을 깨닫게 될 것이다.

▶ 식료품 리스트같이 필요한 것을 나열하지 말고, 신과 대화하듯 기도한다.

▶ 신이 무엇을 하는지보다, 신이 누구인지에 대해 명상한다.

▶ 나를 상처 입힌 사람들을 용서하도록 노력해본다. (믿을 만한 친구, 목사님, 카운슬러 등의 도움이 필요할 지도 모른다.) "상처 입은 사람이 다른 사람에게 상처를 준다"는 말을 기억하라. 누구든 나에게 상처를 준 사람은 다른 사람에게 상처받은 적이 있는 사람일 것이다.

▶ 실수할 수도 있음을 인정한다. 사람들과 유대 관계를 맺는 연습을 하다 보면 그 과정에서 때때로 상처를 입을 수도 있다. 누가 내게 안전한 사람이고 누가 그렇지 않은지 배우게 될 것이다. 연습을 할수록 다른 사람과 감정적으로 친밀한 관계를 맺는 방법도 터득하고, 그 결과로 얻어지는 개인적인 기쁨도 누리게 될 것이다.

이런 이야기를 들어본 적이 있는지 모르겠다. 어떤 젊은 엄마가 가족들을 위해 고기를 굽고 있는데, 다섯 살 난 딸이 엄마가 고기를 굽기 전에 한 덩어리를 잘라내는 것을 보고 물었다.

"엄마, 왜 고기를 잘라내요?"

"글쎄다. 그냥 네 외할머니께서 하시던 대로 한 건데."

잠시 후, 그 젊은 엄마는 자신의 어머니에게 왜 늘 고기의 끝 부분을 잘라내는지 물었다.

"그냥 네 외할머니께서 늘 하시던 대로 한 거야. 할머니께 여쭤보자꾸나."

젊은 엄마와 그녀의 어머니는 거실로 가서 할머니에게 왜 고기를 굽기 전에 고기 덩어리를 잘라냈는지 물었다. 할머니의 대답은 이랬다.

"고기가 내 구이 팬에 안 들어가서 그랬지."

웃자고 하는 얘기가 아니다. 정말 우리들은 아무 이유 없이 어머니들의 양육 방식을 그대로 따라 할 때가 있다. 자기 평가의 고민 없이, 우리는 그냥 같은 행동을 반복한다. 마치 아무 이유 없이 고기를 잘라내는 엄마처럼. 그런 행동이나 믿음 가운데 일부는 긍정적인 것이어서 세대를 거쳐 전수하는 것이 옳지만, 버려야 할 것도 있다. 그러니 왜 그래야 하는지, 왜 그렇게 믿는지 스스로 점검해보는 시간을 갖고, 우리의 모성센스를 보다 업그레이드시켜 스스로 만족할 만한 엄마가 되도록 하자.

어머니들 역시
배우는 중

　엄마들이여, '사랑은 허다한 죄를 덮느니(베드로 전서 4장 8절)'라는 성경 구절을 늘 되새기며 스스로를 다독이자. 이 세상 그 누구도 모든 것을 다 잘 해낼 수는 없다. 어머니의 역할은 내 안에 잠재된 강인하고 사랑으로 충만한 영혼을 일깨우기도 하지만, 동시에 나의 취약점들을 드러내기도 한다. 사람들은 누구나 현재의 상황에 비추어 과거를 되돌아보곤 한다. 수많은 도전으로 점철된 파란만장한 삶도 있지만, 다행히 우리는 신의 은총과 타인의 도움으로 필요에 따라 인생이라는 드라마의 각본을 고쳐 쓸 수도 있다.

　도널드 밀러의 책 『천년 동안 백만 마일(A Million Miles in a Thousand Years)』에서 저자는 자신이 어떻게 새로운 삶의 기회를 얻었는지를 이야기하고 있다. 저자는 자신의 회고록을 바탕으로 영화를 제작하자는 제의를 받았다. 그런데 그가 만난 두 명의 영화 제작자들은 영화가 성공하려면 그의 삶을 실제보다 재미있게 꾸며야 한다고 말했다. 영화를 위해 허구의 자신을 재창조하는 과정에서 저자는 자신이 멋진 소설을 쓸 수 있을지는 몰라도, 멋진 삶을 살고 있는 것은 아니라는 점을 깨달았다.

나는 내가 바라는 모습의 나, 이야깃거리가 될 만한 나를 창조하고 있었다. 내 자신의 이야기, 나의 진짜 삶을 재창조할 수도 있겠다는 생각은 해본 적 없었는데, 나는 어느새 더 나은 나를 향해 서서히 나아가고 있었다. 나는 내가 감당할 수 있는 누군가, 새롭게 그려질 세상에서 살게 될 나, 나 자신이면서 육신과 영혼은 다른 사람인 어떤 인물을 창조하고 있었다. 그것도 지금의 나보다 더 나은 육신과 영혼을 가진 사람을.

저자는 이어서 자신이 어떻게 더 나은 삶을 살기 시작했는지를 이야기해준다. 그는 자신을 버린 아버지를 찾고, TV만 보던 삶에서 벗어나, 자전거로 미국을 횡단하고, 비영리 기구를 설립하고, 진정한 사랑에 빠졌다. 그는 상상만 하던 삶을 진짜로 살기 시작했고, 자신의 삶을 모험, 가능성, 아름다움, 의미로 채웠다.

엄마가 되면서 우리는 미래를 창조할 기회를 얻는다. 자신의 미래와 아이들의 미래 이야기에 크나큰 영향을 미칠 변화를 우리 삶에 만들어낼 수 있다. 우리가 경험한 것 중 긍정적인 면들을 발전시키는 한편, 바꾸고 싶은 경험들로부터 교훈을 얻을 수 있다. 우리의 어머니들이 범한 실수를 되풀이할 필요는 없다. 어머니들의 실수로부터 배우고 우리가 바라는 모습의 어머니가 될 수 있다.

 **나를 찾아서**

　내 어머니는 심각한 완벽주의자였다. 어머니에게는 강박장애가 있었다. 집은 늘 완벽하게 깨끗해야 했으며, 얼룩 한 점, 티끌 하나도 용납하지 않으셨다. 면봉으로 전기 스위치들을 하나하나 닦는 것이 나의 중요한 임무 중 하나였다. 어머니는 스위치에 때나 손자국이 묻어 있는 것을 참지 못했다. 나는 다른 집도 다 그러려니 했다. 늘 그런 것만 보고 자랐기 때문이다.

　결혼을 하고, 엄마가 되어 나만의 가정을 갖게 되면서 나는 늘 스스로를 다그쳤다. 집은 늘 깨끗해야 하고, 그릇들은 늘 제자리에 정돈되어 있어야 하고, 빨래는 그때그때 해놓아야 하고, 책장에 먼지가 쌓여서는 안 되고, 이것도 해야 하고, 저것도 해야 하고……. 늘 자신을 닦달하던 나는 문득 깨달았다. 그렇게 살면 안 된다는 것과 그렇게 애쓰지 않아도 된다는 걸. 그런 깨달음으로 인해 나는 자유로워졌고, 특히 내 아이들에게 나와는 다른 어린 시절을 만들어줄 수 있다는 생각에 홀가분했다.

두 번째 아이가 태어났을 때 어머니가 도와주러 오셨다. 남편과 나는 강박장애를 가진 어머니가 우리 집을 보고 어떤 반응을 보일지 내심 긴장했다. 하지만 어머니의 반응은 예상 밖이었다. 내 앞에 나타난 어머니의 첫마디는 "내가 먼가 잘못하고 있으면, 바로 알려다오. 네가 원하는 방식을 따를 테니까." 어머니는 말씀대로 하셨다.

나는 여전히 내 어머니와는 다른, 내가 원하는 모습의 어머니가 되는 방법이 무엇인지 찾고 있다. 얼마 전 나는 코에 피어싱을 했다. 일부러 어머니가 싫어할 만한 행동을 찾아서 한 것이기도 하고, 나 자신이 하나의 독립된 개체임을 선언하는 행동이기 때문이기도 했다. 내가 원하는 내가 어떤 모습인지 분명해짐에 따라, 나는 서서히 내가 원하는 내가 되어가고 있고, 자신감도 커져가고 있다.

첼시아, 두 아이의 엄마

모두 때때로 느끼는 감정일 것이다. 어머니로부터 벗어나려고 애쓰지만, 한편으로는 어머니의 인정을 받고 싶어 하는 자신 때문에 혼란스러운 감정. 어머니가 정상이든, 그렇지 않든 (사람이 기계도 아닌데 이런 잣대를 들이대는 게 옳은지 모르겠지만) 우리는 누구나 다른 사람과 다른 내가 되고 싶어 한다. 모르긴 해도 우리 어머니들 역시 자식들이 자신으로부터 분리되어 독립된 삶을 살게 해줄 방법을 여전히 배우는 중일 것이다. 첼시아의 어머니처럼 말이다. 첼시아의 어머니는 어머니로서 저지른 실수를 깨닫고, 할머니로서는 같은 실수를 하고 싶어 하지 않는다는 사실을 첼시아가 알아주기를 원했다. 어머니로서 자신의 실수를 인정하고, 기꺼이 변화할 준비가 된 어머니가 딸 부부가 내리는 부모로서의 선택을 존중한다고 말하는 모습은 정말 아름답다.

이제 첼시아는 자신의 삶을 고쳐 쓰고 있다. 처음과는 다르게 살기로 선택한 것이다. 아이들의 삶을 위해 새로운 이야기를 시작하고 있다. 자신과 아이들의 미래를 위해 과거의 경험을 이용할 것이다.

어머니들만큼 지금 우리들의 삶에 많은 영향을 끼친 사람을 없을 것이고, 우리 또한 앞으로 우리 자녀들의 삶에 그만큼 큰 영향을 미칠 것이다. 내가 누구인지, 엄마로서 어떤 점이 모자라고 어떤 점이 강한지 안다면, 아이를 더 잘 키울 수 있을 것이다. (물론 완벽할 수는 없다. 완벽이 목표가 아님을 잊지 말자.)

우리에게는 멋진 이야기의 등장인물이 되어 우리가 원하는 모습의 여성으로 변신할 기회가 있다. 어머니들이 범한 실수를 되풀이하지 않음으로써 아이들에게 좋은 본보기가 되고, 아이들이 목표와

의미로 가득 찬 멋진 삶을 살도록 소신껏 이끌 수 있다.

어머니는 많은 이야기의 시작이다. 엄마로서 우리가 미래를 긍정적으로 바라본다면 우리의 가정에는 희망과 모험이 넘치고, 육아라는 여정이 신나는 기대로 가득할 것이다.

 **How to…**

- ▶ 어머니와의 관계로부터 얻은, 내 자녀를 키우면서 활용할 수 있는 강점 세 가지는?

- ▶ 어머니 때문에 갖게 된 약점으로 앞으로 내 삶에서 보완해나갈 수 있는 점 세 가지는?

- ▶ 내 아이를 키우는 과정에서 어머니의 영향 때문에 갖게 된 것으로 보이는 편견이나 허점을 발견했는가?

- ▶ 내 아이가 친구에게 나를 어떤 엄마라고 이야기해주기 바라는가?

Mom's Talk

500명의 엄마들을 대상으로 한 설문조사에서 대다수 참가자들은 자녀 양육과 관련된 결정을 내릴 때 학습한 내용과 직관을 모두 사용한다고 말했지만, 두 가지 중 어떤 것을 더 중시하느냐는 질문에 대해서는 83퍼센트가 학습한 내용보다는 직관에 더욱 의존한다고 답했다. 엄마들의 답변 일부를 여기 소개한다.

학습을 통해 선택의 폭을 넓힐 수는 있다. 하지만 우리는 아이들에 대한 지식과 책임에 근거를 둔 직관을 사용한다.

– 완다, 두 아이의 엄마

나는 내 직감과 심장을 따르지만 때때로 학습한 지식이나 다른 엄마들, 전문가들이 제공하는 조언에 의존해야 할 때도 있다.

– 앨리스, 네 아이의 엄마

나는 석사학위 소지자이지만 대학에서 배운 어떤 지식으로도 엄마가 되어 겪은 고난과 도전에 대비할 수 없었다. 나는 내 개인적 경험, 친구와 가족의 도움에 의존하고, 내 아이들의 무언의 요구에 귀 기울이며 적절한 선택을 한다.

– 리사, 두 아이의 엄마

나는 내 직관에 더 의존하지만, 내 직관을 형성한 것은 학습을 통해 배운 것들이라고 믿는다.

– 캐런, 두 아이의 엄마

두 가지 모두 내게 큰 도움이 되지만, 나는 책을 많이 읽기 때문에 학습 쪽에 더 우위를 두고 싶다. 교육이 밑바탕이 되고, 거기서부터 나를 인도하는 것이 직관이라고 생각한다.

– 캐런, 한 아이의 엄마

나는 직관과 학습에 복합적으로 의존한다. 아들이 어렸을 때는 학습한 내용에 많이 의존했지만 아이가 자라면서 스스로의 직관을 점점 더 신뢰하게 됐다.

– 미셸, 한 아이의 엄마

chapter 4

•

과잉 불안
과잉 육아

벳시와 그녀의 남편 벤은 맨해튼의 고층 아파트 35층 주방에 앉아 창밖을 내다보고 있었다. 6개월 된 딸 폴리는 아기 방 요람에서 새근새근 자고 있었다. 저 아래 도로는 윙윙대는 자동차와 사이렌 소리로 소란스러웠다. 그들의 아파트에서는 엠파이어스테이트 빌딩, 타임스퀘어, 자유의 여신상이 보였다. 도시의 소음이 빌딩에 부딪쳐 멀리 퍼졌다. 심지어 주차 공간을 두고 싸움을 벌이는 두 남자의 고함 소리까지 들렸다.

도시생활은 커다란 모험이었다. 6년간 좋은 친구들도 많이 사귀면서 즐겁게 지냈다. 벳시는 사회심리학 박사과정을 마무리하면서 대학에서 강의를 했고, 벤은 엔지니어였다. 둘은 열심히 일했고, 바쁜 와중에도 폴리와 가능한 한 많은 시간을 함께 보냈다. 하지만 항상 시간에 쫓기는 삶에 한계가 왔다. 보통 벤은 저녁 7시는 돼야 귀가하는데, 그때쯤이면 이미 폴리는 잠투정을 부리며 재워달라고 보챘다. 벳시는 공부와 일과 엄마 역할을 모두 해내느라 지쳐 있었다. 그동안 저축해서 돈도 조금 모은 두 사람은 이제 변화가 필요한 때라는 결론을 내렸다.

수년 동안 창업을 꿈꿔왔던 벳시와 벤은 메인 주에 사과 과수원을 사서 애플사이다(사과를 발효시켜 만든 음료 - 옮긴이) 사업을 시작하기로 했다.

"우리 잘하고 있는 걸까?" 벳시가 벤에게 물었다. "사람들은 왜 당신이 엔지니어라는 멀쩡한 직업을 버리는지, 또 나는 왜 박사학위까지 받아놓고 전공을 살리지 않는지 이해 못할 거야."

"우린 잘하고 있어." 벤은 손을 뻗어 벳시의 손을 잡으며 말했다.

"사업이 잘 안되면 다시 전공을 살려서 일하면 돼."

"나도 알아. 그냥 실감이 안 나서 그래. 조금 겁도 나고."

"나도 그래." 벤이 말했다.

벤, 벳시, 폴리는 뉴욕의 친구들에게 작별 인사를 하고 도시생활을 접었다. 셋은 사과나무 200그루가 있는 6에이커의 땅에서 새로운 모험을 시작했다. 1950년대 분위기가 나는 랜치하우스(실내외의 장식을 최소로 하고 넓게 지은 단층 주택으로 미국의 전형적인 주택 형태 - 옮긴이)를 사서 부부가 교대로 과수원을 일구면서 아기를 돌봤다. 나무도 사고, 몰래 숨어 들어오는 비버들을 쫓아내면서 열심히 일한 끝에 애플사이다 첫 출하분을 판매하게 되었다.

벳시와 벤이 인생의 중요한 결정을 내릴 수 있었던 것은 가족이 함께 시간을 보내고, 자연을 가까이 하고, 지역 사업에 보탬이 되어야 한다는, 삶에서 그들이 중요하게 여기는 가치가 판단 기준이 되었기 때문이다. 두 사람은 아직 자신들의 결정이 어떤 결과로 이어질지 확신이 없다. 하지만 벳시는 필자에게 이렇게 말했다. "며칠 전, 셋이서 함께 과수원 길을 걸었어요. 폴리는 민들레를 꺾어 작은 바구니에 담았죠. 저는 벤을 바라보면서 웃었어요. 지금 이 생활이 너무 좋아서요."

그들의 모험이 성공일지 아닐지는 시간이 말해주겠지만, 이 부부는 결코 자신들의 결정을 후회하지 않는다.

인생은 수많은 결정들로 점철되어 있다. 어떻게 사람들은 벤과 벳시처럼 결정을 내리고 후회 없이 살아가는 걸까?

한 여성이 평생은 고사하고, 단 하루에 내려야 하는 결정들만 해도 어마어마하다. 그 여성이 어머니라면 그 수는 배가 될 것이다. 어머니는 자신뿐 아니라 아이들 문제에 대한 결정도 내려야 하는

데, 특히 아이들이 어릴 때는 그 부담이 엄청나다. 한번은 하루 동안 내가 얼마나 많은 결정을 내리는지 세어보기로 했다. 그런데 오전 아홉 시까지 내린 결정이 이미 473가지나 되었다. 이 시점에서 나는 매일매일 얼마나 많은 결정을 내리며 사는지 세는 것은 사실상 불가능한데다가 시간 낭비라는 것을 깨닫고 더 이상 세지 않기로 했다. 하지만 여성으로서, 어머니로서, 우리가 수많은 결정을 내리며 산다는 사실만은 확실하다. 다수의 여성들은 그 결정이 옳은지 확신이 서질 않아 안절부절못하고, 실수를 한 것은 아닌지 불안해한다.

우리가 매일 내리는 결정은 다른 중요한 문제들에 비해 매우 작고 사소해 보일지도 모른다. 엄마들은 매일매일 무엇을 먹을지, 아이들의 세 끼 식사와 간식으로 무엇을 준비할지, 어떤 양말을 신길지, 시장에서 무엇을 살지 등을 정해야 한다. 조금 더 심각한 문제들도 있다. 가령, 아기가 아픈데 의사한테 전화를 해봐야 하는지, 일을 다시 시작해야 할지, 만약 다시 시작한다면 대체 누가 아이들을 돌볼 것이며, 아이를 맡기는 비용은 얼마를 지불할 것인지, 아이를 어떤 학교에 보낼 것인지와 같은 결정들도 내려야 한다. 이 크고 작은 수많은 결정들은 엄마의 역할과 관련된 것이다.

여기에 덧붙여, 엄마의 세계 바깥에 존재하는 여러 가지 사안에 대해서 결정을 내려야 하는 상황도 종종 발생한다. 그런데 문제는 단순히 일상적인 선택이 필요한 상황 자체가 많다는 데 있는 것이 아니다. 정말로 스트레스를 가중시키는 것은 매번 결정을 내려야 할 때마다 선택할 수 있는 대상들이 너무 많다는 점이다.

나도 최근 집을 리모델링하면서 감당할 수 없을 만큼 주어지는 선택의 여지를 경험한 적이 있다. 남편은 부동산 개발 관련 일을 하는데, 우리 부부는 고쳐서 쓸 요량으로 낡은 집을 구매해 7년간 살았다. 그러다가 언젠가는 집을 팔 생각으로 집수리를 계획했다. 그런데 리모델링을 하자니 이것저것 선택해야 하는 사항들이 어마어마했다. 그래도 피할 수는 없는 노릇이었다. 우리는 몇 시간 동안 문고리, 싱크대, 수도꼭지, 타일, 페인트 색상 등을 골라야 했다. 중간에 나는 너무 질려버려서 두 손 들어버렸다. 어떻게 되든 상관없었다. 더 이상 결정을 내릴 수가 없었다. 나는 남편과 영업사원에게 대신 골라달라고 애원했다. 코미디언 어마 봄벡의 말이 정말 마음에 와 닿는다. "인간 정신에 대해 내 나름의 이론이 있다. 뇌는 컴퓨터와 같다. 너무 많은 사실들을 입력하면 과부하가 일어나 터져버린다." 정말 머리가 터질 것 같았던 적 있는가? 나는 있다.

이 책을 쓰면서 의사결정에 관한 연구를 했는데, 그 결과 '선택의 과부하' 현상이 나에게만 일어나는 일이 아니라는 것을 깨달았다. 사실 매우 흔히 일어나는 일이다. 예전에는 선택의 여지가 풍부하면 좋다고만 생각했었는데, 너무 많은 선택의 여지는 극도의 불안과 불만족으로 이어진다.

한 아이 엄마가 최근에 비슷한 경험을 이야기해준 적 있다. 그녀는 딸아이가 아기침대에서 혼자 잠들게 하려면 어떻게 해야 하는지 궁금해서 인터넷을 뒤지기 시작했다. 어떤 사람들은 아이가 울다 지쳐 잠들 때까지 내버려두라고 했고, 다른 사람들은 아이를 울다가 잠들게 해서는 안 된다고 했다. 상반된 의견들마다 이것저것 고려 사항들을 첨가해 약간씩 변형시킨 의견들이 또 여럿 있었다. "고려해야 할 것들이 너무 많아서 감당이 안 될 지경이었다."라고 그녀는 말했다.

너무 혼란스러워서 어떻게 해야 할지 알 수가 없었다. 남편과 나는 어떤 의견을 실행해볼지 갈팡질팡했다. 뚜렷한 방향도 없이 우리는 이렇게도 해보고 저렇게도 해보며 아이에게 맞는 해결책을 찾아보았다. 하지만 침대에 눕히자 아기는 울기만 했다. 너무 지친 나와 남편은 그냥 아기를 울게 내버려두었다. 그런데 그 방법이 먹혔고, 아기는 이제 잠을 잘 잔다. 하지만 지나치게 많은 정보와 선택의 여지 때문에 결정을 내리기까지 너무 힘든 과정을 거쳐야 했다.

『선택의 심리학(The Paradox of Choice)』에서 저자 배리 슈워츠는 대학생들을 대상으로 다양한 종류의 고급 초콜릿을 평가하도록 한 뒤 그 연구결과를 소개했다. 학생들을 두 집단으로 나누어 각각 여섯 가지와 서른 가지 초콜릿을 평가하도록 했다. (나도 이런 연구에 참여해 봤으면 좋겠다.) 그런 다음 마음에 드는 초콜릿을 고르도록 했다. 평가가 끝난 후에는 학생들에게 연구에 참가해준 대가로 현금 대신 초콜릿을 한 상자 가져가겠냐고 제안했다. 나는 모든 학생들이 초콜릿보다는 돈을 원할 것이라고 생각했다. 나도 대학생 아들이 있는데, 그 녀석이 내게 원하는 것은 늘 돈밖에 없기 때문이다. 예상 외로, 적은 수의 초콜릿을 평가한 학생들 중에는 초콜릿을 받겠다고 한 사람이 돈을 원한 경우보다 네 배나 많았다. 또한 이 학생들은 더 많은 종류의 초콜릿을 평가한 학생들보다 자신들이 참가한 초콜릿 평가에 대해 높은 만족도를 보였다.

슈워츠에 따르면, 해당 실험 및 유사한 실험을 했던 다른 실험자들은 다음과 같은 가설에 도달했다고 한다.

선택할 수 있는 대상이 다양할수록 결정하는 데 더 많은 노력을 기울여야만 하기 때문에 소비자들의 선택하고자 하는 의지가 줄어든다. 그 결과 소비자들은 결정하지 않기로 결정하고, 해당 제품을 사지 않는다. 해당 제품을 구매한다 해도, 결정하는 데 소모되는 노력으로 인해 소비자들은 자신의 선택 결과를 제대로 즐기지 못하게 된다. 또한 다양한 선택의 여지는 소비자들이 실제로 선택하는 제품의 매력을 저하시킨다……. (왜냐하면) 선택하지 않은 대상의 장점들이 정작 선택된 제품에 대한 만족감을 떨어뜨리기 때문이다.

기술과 인터넷의 발달로 현대인의 정보 접근성은 무한대에 가까워졌다. 엄마로서 우리는 어떻게 판단하고 최선의 결정을 내려야 할까? 어떻게 스스로의 선택이 최선이었는지 아닌지 끝없이 이어지는 고민의 사슬을 끊을 수 있을까?

결정이
서툰 엄마

우선, 내가 추구하는 가치를 정한다. 엄마로서 내가 중요시하는 것은 무엇인가? 내가 생각하는 가족의 목표는 무엇인가? 아이들에게 무엇을 들려주고 싶은가?

이렇게 마음속에 '큰 그림'이 그려지면, 이 그림에 따라 여러 가지 결정을 내릴 수 있다. 『엄마학』의 저자 셸리 래딕은 이렇게 말한다.

나는 양육의 최종 결과, 즉 아이들이 어떤 어른으로 자라기를 바라는지에 대해 나만의 그림을 그리고, 거기에 집중하기로 했다. 아이들의 마음, 영혼, 몸, 정신에 영향을 미치고자 총체적인 접근 방식을 택했다. 내 머릿속 큰 그림은 내가 가장 중요시하는 것들, 가령 신앙, 가족, 즐거움, 존중, 안정, 도덕성, 학습, 독립성 등의 가치로 채워져 있다.

엄마들의 의사결정 전략에 적용하면 좋을 것 같은 아이디어가 있어서 여기에 소개하려고 한다. 앞에 언급한 『선택의 심리학』에 소개된, 정말 간단한 방법이다. 배리 슈워츠는 의사결정을 내리는 유형에 따라 사람들을 '최고를 추구하는 사람(Maximizer)'과 '만족하는 사람(Satisficer)'이라는 두 가지 부류로 구분했다.

최고를 추구하는 사람은 늘 가장 좋은 것을 찾고, 가장 좋은 것만을 받아들인다. 만족하는 사람은 이 정도면 됐다 싶은 선에서 타협하고 더 좋은 대안의 가능성에 대해 염려하지 않는다.

최고를 추구하는 사람은 최고만을 원한다. 늘 자신의 선택이 최선이었다는 확신을 원한다. 그래서 결정을 내리는 데 엄청난 에너지와 시간을 쏟는다. 가령, 이런 성향의 엄마가 유아용 카시트를 새로 구입한다고 하자. 엄마는 모든 대안들을 확인해볼 것이다. 카시트를 파는 인근 가게들을 모두 돌아보고 가격을 비교하고, 구매 후기를 훑을 것이고 몇 시간이고 인터넷 검색을 할 것이다. 아는 사람들에게 전화해 어떤 카시트를 선호하는지 조사할 것이다. 어떤 카시트가 가장 좋은지 확신이 선 다음에야 엄마는 비로소 카시트를 구입할 것이다. 문제는 결정을 내린 후에도 그 결정이 정말로 옳았는지 끊임없이 고민하리라는 점이다. 카시트를 구매한 후에도 계속 다른 모델들을 알아보고, 그러다 보면 불안해지고 자신의 결정을 후회하게 될지도 모른다.

반면, 만족하는 사람은 어떤 기준에 따라 선택할 것인지를 정해서 목록을 만든다. 몇몇 상점들을 돌아보고, 친구 한두 명의 의견을 참고한 다음, 자신의 기준에 부합하는 물건을 찾아낸다. 일단 결정을 하고 나면 더 이상 고민하지 않는다. 더 나은 물건이 있으면 어쩌나 불안해하지도 않는다. 자신의 결정에 확신이 있기 때문이다.

『선택의 심리학』 저자 슈워츠는 만족하는 사람의 결정 과정을 건전한 의사결정 행위로 제시한다. 저자는 수천 명의 사람들을 대상으로 여러 가지 실험을 실시했고, 그 결과는 예상대로 였다. 최고를 추구하는 경향이 높은 사람은 낮은 사람들보다 삶의 만족도가 낮았고, 덜 행복했고, 덜 낙관적이었으며, 더 우울했다.”라는 결론을 내렸다. 나는 슈워츠가 중요한 발견을 했다고 생각한다. 즉, 결정을 내릴 때 선택의 가능성을 제한하는 것이 현명하다는 점에 공감한다.

하지만 슈워츠의 이론에 내가 쉽게 공감할 수 있었던 것은 내가 만족하는 사람에 가까운 성격을 타고 났기 때문이다. 내 가까운 친구 하나는 내가 너무 빨리 결정을 내린다며, 더 많은 가능성들을 찬

찬히 생각하고 서두르지 않는다면 더 나은 선택을 할 수 있을 것이라고 충고한 적이 있다. 결정이 빠른 편이라면, 선택의 폭을 약간만 높아도 의사결정의 질을 높이는 데 도움이 될 것이다.

 나는 최고를 추구하는 사람일까 만족하는 사람일까?

스스로 어느 편에 속하는지 확신이 서지 않는다면 다음 항목들을 체크해보자. 각 항목을 읽어보고, '그렇다' 또는 '그렇지 않다'로 답해본다.

1. 내 인생에 매우 만족하고 있지만, 지금보다 더 나은 삶에 대해 가끔 상상해볼 때가 있다.

　　　　　　　　　　☐ 그렇다　　☐ 그렇지 않다

2. 식당에서 메뉴를 고르기가 힘들다. 식사를 마친 후에는 다른 메뉴를 고를걸 그랬나 하는 생각이 든다.

　　　　　　　　　　☐ 그렇다　　☐ 그렇지 않다

3. 인터넷으로 한꺼번에 여러 가지 작업을 하는 편이다. 친구들이 올린 링크들을 항상 확인한다. 재미있는 것은 하나도 놓치고 싶지 않다.

　　　　　　　　　　☐ 그렇다　　☐ 그렇지 않다

4. 선물을 줄 때는 늘 마지막 순간까지 기다린다. 각자에게 가능한 한 최고의 선물을 선택하고 싶기 때문이다.

□ 그렇다   □ 그렇지 않다

5. 물건을 살 때는 온라인 쇼핑몰과 다양한 상점들을 돌며 모든 가능성을 확인해본다. 하지만 물건을 사고 집에 돌아오면 나의 선택이 최선이었는지 항상 의문이 든다.

□ 그렇다   □ 그렇지 않다

6. 친구들은 식당이든, 영화든 뭐든 고를 때 늘 내 의견을 묻는다. 늘 선호하는 대상의 목록을 정리해두기 때문이다.

□ 그렇다   □ 그렇지 않다

7. 전화보다는 이메일로 소통하는 것을 좋아한다. 시간 여유를 갖고 내 의사를 정확하게 전달할 단어를 고르고 싶기 때문이다.

□ 그렇다   □ 그렇지 않다

8. 가족을 위해 중요한 물건을 살 때, 너무 다양한 선택의 여지와 한정된 예산 내에서 가장 좋은 것을 사야 한다는 나의 욕구 때문에 힘들다.

□ 그렇다   □ 그렇지 않다

9. 무엇을 하든 늘 자신에게 높은 기준을 적용한다.

□ 그렇다   □ 그렇지 않다

10. 종종 스스로의 선택에 의구심을 가지며, 다른 결정을 내렸어야 하는 것은 아닌지 불안해한다.

　　　　　　　　　　　□ 그렇다　　　□ 그렇지 않다

• 그렇다 (　　) 개　　그렇지 않다 (　　) 개

이제 '그렇다'라고 답한 항목과, '그렇지 않다'라고 답한 항목을 각각 세어보자. 일곱 개 이상의 항목에 '그렇다'라고 답했다면 최고를 추구하는 사람에 가깝고, '그렇지 않다'라고 답한 항목이 일곱 개 이상이라면 만족하는 사람에 가깝다. '그렇다'와 '그렇지 않다'가 정확하게 반반이거나 거의 비슷하다면, 그 중간 정도일 것이다.

결정을 내리는 데도 많은 연습이 필요하다. 부담스러울 수도 있는 선택의 과정을 조금은 쉽게 만들어줄 방법들을 몇 가지 소개한다.

· 자신만의 판단 기준을 정한다.
· 자신만의 한계를 정한다. 선택하는 데 걸리는 시간, 비교 대상의 수, 조언을 얻을 사람들의 수 등을 제한한다.
· 자신의 선택 결과를 다른 사람의 선택과 비교하지 않는다.
· 일단 결정했으면, 다시 생각하지 않는다.

- 자신의 선택 결과에 대해 지나치게 높은 기대를 갖지 않는다.
- 예상치 못한 결과도 받아들인다.
- 실수를 하더라도 자신을 너무 책망하지 말고, 다음에 더 좋은 선택을 하기 위한 밑거름이라고 생각한다.

최선의 결정을 내리기 위해 노력하는 것이 잘못은 아니다. 하지만 위에 제안한 방법들은 빠른 시간에 소신껏 결정을 내리고, 자신의 선택에 확신을 갖도록 도움을 준다. 때때로 선택 대상에 따라 우리의 태도도 달라진다. 정말 중요한 결정을 내려야 한다면, 많은 시간을 들여 조사하고 가능한 한 최상의 결론에 도달하려고 애쓰는 것이 당연하다. 하지만 뭔가를 결정하느라 다른 일정에 차질을 빚거나 너무 많은 시간을 소모하고 있다면, 위에 제안한 방법을 시도해보는 것도 나쁘지 않을 듯하다.

의사결정에
꼭 필요한 요소

최근 텍사스 오스틴에서 열린 작가 회의에 참석한 적이 있다. 회의 장소 부근에 신기한 현상을 관찰할 수 있는 곳이 있다는 이야기를 들은 터라, 저녁 무렵 다른 작가 두 사람과 함께 구경하러 나섰다. 다리 아래에 박쥐가 70만 마리나 서식한다는 것이다! 우리는 다리로 가서 콘크리트 바닥에 걸터앉아 날이 어두워지기를 기다렸다. 박쥐들이 은둔지에서 나와 강변을 날아다니는 벌레를 잡아먹는 모습을 보려고 말이다. 그곳에는 우리 말고 이십대 중반의 남녀 두 쌍이 더 있었는데 그들도 우리처럼 박쥐를 보러 왔다고 했다. 우리는 여자들 중 한 명과 가볍게 이야기를 나눴다. "박쥐 똥을 마스카라 원료로 쓴다는 걸 아세요?" 그 여자가 마치 과학적 사실이라도 되는 듯 심각하게 말했다. "정말요? 확실한가요?"

"네, 사실이에요. 박쥐의 배설물을 구아노라고 하는데, 구아노를 원료로 쓰는 마스카라가 있대요. 찜찜하죠?"

"어머, 한번 알아봐야겠네요."

말은 이렇게 했지만, 여전히 납득하기에는 너무 황당한 이야기였다. 우리는 수십만 마리의 박쥐들이 다리 밑에서 나타나 하늘을 누비며 벌레를 잡아먹다가 다시 커다란 먹구름처럼 천천히 시야에서 사라지는 모습을 구경한 뒤 호텔로 돌아왔다. 다리에서 만난 아가씨의 말이 여전히 흥미로웠다. 나는 마스카라에 정말 박쥐 배설물이 들어가는지 인터넷으로 확인해보았다. 별로 오래 검색하지 않았는데, 금방 답을 찾을 수 있었다. 역시 사실이 아니었다. 일부 마스카라에 구아닌이라는 성분이 들어가지만, 구아노와는 다른 물질이었다. 그 젊은 여성은 많은 사람들이 흔히 그러듯, 어디선가 듣거나 읽어본 비논리적 낭설을 제대로 생각해보지 않고 믿어버린 것이다. 아이를 키울 때도 마찬가지다. 비판적 사고력이 없으면 일부의 주장이나 유행하는 흐름을 제대로 따져보지 않은 채 믿어버리게 된다. 비판적 사고는 특히나 요즘 같은 세태에는 모든 의사결정에 꼭 필요한 요소다.

비판적 사고는 주어진 정보를 평가하고, 그 진위여부와 당면한 상황이나 요구에 적합한 내용인지를 판단하는 과정이다. 몹스 인터내셔널 전략관계 이사인 캐런 파크스는 26년간 취학 전 자녀를 둔 어머니들과 일했다. 독서교육 석사학위 소지자이며, 비판적 사고를 전공한 캐런은 "지금 세대의 엄마들은 비판적 사고를 하기가 쉽지 않다. 인터넷에 정보가 넘쳐나고, 사람들은 자신이 읽은 정보를 진위 여부에 대한 의심 없이 그냥 믿어버리는 경향이 있기 때문이다."라고 말한다.

그녀는 여성들에게 정보의 출처를 평가하라고 조언한다. "가령 박쥐의 배설물로 마스카라를 만든다는 정보를 웹사이트에서 발견했다면, 누가 만든 사이트인지 확인해보아야 한다. 화장품회사에서 운영하는 사이트라면, 소비자들이 경쟁사 제품이 아닌 자사 제품을 구매하도록 유도하려는 의도에서 그런 주장을 하는 것일 수도 있다."

캐런은 또 비판적 사고를 위해 다음 세 가지를 염두에 두라고 충고했다.

· 의심할 것. 누가 어떤 정보를 제공하는지, 그런 정보를 수긍하거나 믿도록 하려는 이유가 무엇인지 생각할 것.
· 정보에 민감할 것. 정곡을 찌르는 질문을 할 것. 믿을 만한 정보통과 조언을 구할 만한 멘토를 확보할 것.
· 아이들에게 모범이 될 것. 비판적 사고 능력은 살아가는 데 꼭 필요한 기술로서 아이들이 엄마를 본보기 삼아 스스로 이 같은 능력을 키울 수 있도록 격려해주어야 한다.

딱 부러지는
해법을 찾기 어려울 때

부모로서 양육과 관련된 결정을 내리다 보면 가끔 딱 부러지는 해답을 찾기가 쉽지 않을 때가 있다. 대부분의 경우 한 가지 정답은 없다. 그럴 때에는 자신의 직관, 즉 나만의 남다른 모성센스를 믿어야 한다. 감각적으로 느끼는 바를 읽고, 내 마음의 소리를 듣고, 자신의 감정적 반응에 촉각을 곤두세운다.

내가 내 자신의 모성센스를 신뢰하기 시작한 것은 둘째아들 조던이 생후 12개월쯤 됐을 무렵이었다. 한번은 조던이 심하게 앓느라 먹지도 마시지도 못하고, 체중이 줄기 시작했다. 조던을 의사에게 데려갔더니 단순한 감기라고 진단했다. 애가 너무 심하게 울어서 남편과 나는 아이 울음소리를 피해 교대로 집을 나가 있어야 할 정도였다. 며칠 후, 이번에는 남편이 열이 나고 목이 부었다. 나는 조던의 병이 무엇인지 깨달았다! 패혈성인두염이었다. 나는 조던의 담당 소아과의사에게 전화를 걸어 상황을 설명했지만 의사의 반응에 분통이 터졌다.

"아기들은 패혈성인두염에 걸리지 않아요." 더 이상의 설명은 없었다.

하지만 나는 직감적으로 조던이 패혈성인두염이라고 확신했다. 다른 의사에게 전화했더니 그 의사는 조던을 진찰해주겠다고 했다. 진찰 후 의사는 같은 말을 했다. "아기들은 패혈성인두염에 걸리지 않습니다." 어떤 의사도 조던을 검사해보려고 하지 않았다. 우리가 가능한 한 보험료를 가장 적게 내는 건강 보험에 가입한 상태였기 때문인지 의사들은 '불필요한' 검사에 돈을 쓰고 싶어 하지 않았다.

나는 의사들의 전문적 소견에 굴복할 수밖에 없었다. 그래서 조던을 집으로 데리고 와서 최대한 편안하게 쉬게 해주었다. 그렇게 열흘이 지났다. 결국 나의 인내심이 한계에 달했다. 조던은 혈색이 없고, 여위고, 기력이 떨어졌으며, 여전히 먹지 않고 대책 없이 울어댔다. 나는 다시 처음 소아과의사에게 조던을 데리고 갔다.

나와 마주 앉은 의사는 다시 같은 말을 반복했다. "아기들은 패혈성인두염에 걸리지 않아요."

나는 의사의 눈을 똑바로 바라보며 말했다. "아기에게 검사를 해줄 때까지 진찰실을 나가지 않을 거예요."

의사는 한숨을 쉬더니 어깨를 으쓱하고는 말했다. "좋아요. 검사해봅시다."

결과는? 조던은 패혈성인두염 양성 반응을 보였다. 하지만 이미 상태가 너무 나빠진 후라 약을 삼킬 수도 없었다. 몇 번의 시도 끝에 나는 아이를 다시 병원에 데리고 갔다. 병원에서는 진한 액체를 조던의 허벅지 근육에 주사기로 주입했다. 약이 몸에 흡수되도록 간호사들이 아이의 다리를 마사지하는 동안 울어대는 조던을 바라보는 내 마음은 찢어지는 것 같았다. 말 그대로 끔찍했다.

내가 좀 더 일찍 나의 직감을 믿었더라면……. 내 직감은 100퍼센트 정확했다. 지금도 조던은 패혈성인두염을 달고 산다. 어릴 때의 사건이 원인은 아닌지 의심스럽다. 시간을 되돌려 이미 벌어진 일을 뒤집을 수는 없지만, 나는 스스로의 촉을 믿어야 한다는 교훈을 얻었다.

자신의 모성센스가 그다지 강하게 느껴지지 않는다면, 다른 엄마들의 조언을 구해도 된다. 평소 믿고 따르는 다른 이들의 의견과 조언을 구해보자. 곤경에 처했을 때 서로의 모성센스에 의지하는 것도 좋은 전략이다.

 자신은 아무것도 모르는 사람일지라도 엄마로서는 옳은 사람

쿠퍼가 태어났을 때 나는 열아홉 싱글 맘이었다. 첫날 아기는 젖을 빨지 않았다. 간호사들에게 얘기했지만, 다들 내가 너무 어려서 아무것도 모른다는 말만 되풀이했다. 하지만 나도 뭔가 잘못되었다는 것쯤은 감지할 수 있었다.

계속해서 간호사들에게 아이가 젖을 빨지 않는다고 말했더니 결국엔 그들도 내 말을 믿긴 했지만 내게 어떤 도움이나 희망이 될 만한 말도 해주지 않았다. 쿠퍼에게 '정상발육불가'라는 딱지가 붙었다. 나는 절망했다. 그건 아기가 살지 못할지도 모른다는 의미였고, 나는 아기를 위해 아무것도 해줄 것이 없었다. 나는 외로웠다. 병원에는 환자와 산모가 너무 많아서 나는 소아 병동에 입원했다. 아마 내가 너무 어려서 그랬던 모양이지만, 하여튼 그래서 나는 다른 산모와 신생아들과 같은 병동에 있을 수도 없었다.

모성센스가 이끄는 느긋한 육아

쿠퍼를 집에 데리고 와서 계속 젖을 먹여보려고 했지만 소용없었다. 아이의 눈이 점점 퀭해졌다. 아기의 몸이 축 늘어지자 나는 겁에 질렸다. 나는 엄마에게 도움을 청했다. 엄마는 아는 사람들에게 수소문해서 수유전문가를 찾아내 나와 쿠퍼에게 소개해주었다. 그녀는 기적을 일으켰다. 그녀는 한 시간에 걸쳐 내게 수유하는 법을 가르쳐주었고, 쿠퍼의 혀를 마사지하는 등 아기가 젖을 빠는 데 필요한 조치를 해주었다. 놀라웠다.

내 아기에게 붙여진 꼬리표를 받아들이지 않은 것은 참 잘한 일이었다. 내 모성센스는 내 아들이 살아날 것이라고 말했고, 결국 내가 옳았다.

브리트니, 한 아이의 엄마

보다 나은
결정을 내리는 법

『탁월한 결정의 비밀』이라는 책에서 저자 조나 레러는 결정을 내리는 데에 감정이 얼마나 중요한 역할을 하는지 분명하게 보여준다. 저자는 작은 뇌종양 제거 수술을 받은 엘리엇이라는 환자의 사례를 소개한다. 수술 전, 엘리엇은 모범적인 아버지, 남편, 직장인이었고 교회에서 봉사활동도 했다. 하지만 수술 후 그는 달라졌다. 지능(IQ)은 그대로였지만, 엘리엇은 더 이상 결정을 내릴 수가 없었다. 어떤 펜을 사용하고, 어떤 치약을 살 것인지, 점심 식사는 어느 식당에서 할 것인지 등 일상적인 결정을 내리는 데 말 그대로 몇 시간이 소요되었다. 엘리엇의 담당 신경외과의사는 원인을 알아보기로 했다.

여러 가지 검사를 해본 결과, 의사는 엘리엇에게 감정이 사라졌다는 사실을 알아냈다. 충격적인 결과였다. 당시에는 의사결정이 매우 이성적인 과정인 반면 인간의 감정은 비이성적이라는 믿음이 지배적이었기 때문이다. 엘리엇의 사례를 통해, 인간이 감정이 배제된 상태에서 더 나은 결정을 내린다는 이론은 설득력을 잃었고 오히려 그 반대임이 밝혀졌다. 감각적으로 느끼는 능력을 잃은 사람은 가장 단순한 결정조차 내리지 못한다. "느끼지 못하는 뇌는 결정하지도 못 한다."라고 저자 레러는 말한다.

의사결정에 있어서 감정의 중요성은 다른 연구들을 통해서도 입증되었다. 한 연구에서는 여대생들에게 다섯 장의 그림을 보여주고 마음에 드는 그림을 고르도록 했다. 모네의 풍경화, 반 고흐의 정물화, 세 장의 우스꽝스러운 고양이 포스터 들이었다. 일단 대학생들은 두 집단으로 나뉘어졌다. 한 집단의 학생들은 단순히 각 그림들을 평가하도록 했고, 다른 집단의 학생들은 각각의 그림에 대해 좋고 싫은 이유를 묻는 설문지를 받았다. 선택이 끝난 후, 실험 참가자들은 각자 자기가 고른 그림을 가지고 귀가했다.

결과는 매우 흥미로웠다. 첫 번째 집단의 학생들 중 95퍼센트는 모네나 고흐의 작품을 골랐다. 하지만 그림을 고르기 전에 자신의 결정에 대해 생각해야 했던 학생들은 정확하게 이분되어 반은 미술 작품을, 반은 고양이 포스터를 골랐다. 연구자들은 이러한 결과에 대해 실험참가자들이 자신의 선택에 대해 조리 있게 설명해야 한다는 압박감을 느꼈기 때문이라고 설명했다. 고흐의 작품에 매력을 느끼는 알 수 없는 이유를 설명하는 것보다, "고양이 포스터가 웃겨서"라고 설명하는 편이 더 쉽기 때문에 우스꽝스러운 포스터를 골랐다는 것이다.

몇 주 후, 연구자들은 사후 인터뷰를 통해 어떤 집단이 더 나은 결정을 내렸는지를 알아보았다. 첫 번째 집단의 학생들이 자신의 선택에 더 만족하는 것으로 드러났다. 하지만 고양이 포스터를 고른 여성의 75퍼센트는 자신들의 선택을 후회했다. 미술작품을 고른 학생들 가운데 후회하는 사람은 아무도 없었다. "감정이 느끼는 대로 선택한 여성들은 이성의 힘에 의존한 여성들보다 훨씬 더 나은 결정을 내렸다. 자신이 어떤 포스터를 원하는지 더 많이 생각할수록, 생각은 잘못된 의사결정을 이끌어낸다. 자기 분석의 결과 진정한 자신을 인식하지 못하게 된 것이다."라고 레러는 말한다.

이 책을 읽은 후 나는 매우 흥분했다. 엄마도, 여성도 감정이 풍부한 사람들이기 때문이다. 엄마는 가정에서 감성을 담당하는 사람이 되기도 한다. 레러가 소개한 연구는 여성의 감정적 경향성을 배제하는 대신, 감정이 의사결정의 중요한 부분이라는 점을 입증했다.

모성센스는 귀 기울일 가치가 있다. 모성센스는 중요하다. 우리 개개인이 스스로의 모성센스를 발견하고, 배운 것을 직관과 결합하고, 본능과 학습을 통해 얻은 진실을 믿음으로써 자신감을 높이는 것은 매우 귀중한 활동이다.

더 똑똑해지는
엄마의 뇌

☑ **낭설:** 아이를 낳고 나면 뇌세포가 줄어든다.

☑ **진실:** 여성은 엄마가 되고 나면 더 똑똑해진다.

캐서린 엘리슨은 『엄마의 뇌』에서 엄마들은 멍청하고, 감정조절을 못한다는 통념이 얼마나 잘못되었는지를 철저하게 파헤친다. 저자는 수차례의 연구를 통해 여성이 엄마가 되면 뇌는 새로운 차원에서 기능하기 시작한다는 것을 증명했다. 여성의 뇌에 숨어 있던 부분들이 어머니로서의 역할이 시작되면서 활동하기 시작한다는 것이다. 기저귀를 갈고 집안 허드렛일을 하는 동안에도 우리의 머릿속에서는 그보다 훨씬 더 많은 일들이 벌어지고 있다. 엄마들은 맹하지도 않고, 아무 때나 감정을 되는대로 터뜨리지도, 옳고 그름을 혼동하지도 않으며, 아기를 낳기 전에 갈고 닦은 기술을 잊어버리는 것도 아니다. 엘리슨에 따르면, 우리는 아기를 낳고 말 그대로 더 똑똑해진다. 물론 나도 냉장고에 넣어야 할 우유를 찬장에 넣고, 마스카라를 한쪽 눈썹에만 칠하고, 모유수유 후 셔츠 단추는 그대

 Tip **수면 부족은 엄마에게 어떤 영향을 끼치는가**

아기를 낳고 처음 몇 주 동안 엄마의 몸은 극도로 피로해진다. 아기를 돌보느라 잠이 부족한 상태에서 여성은 누구나 힘든 시간을 겪는다. 때때로 짜증이 나고, 둔해진다. 잠을 못 자는 것은 고문을 받는 것과 마찬가지고, 이때 여성들은 이상한 행동을 하기도 한다. 수면 부족으로 인한 부작용은 짜증, 반응 속도의 저하, 당뇨, 고혈압, 우울증, 심장질환, 체중 증가 등 셀 수 없이 많다.

로 풀어헤친 채 보라색 실내용 슬리퍼를 끌고 장 보러 나간 일이 부지기수이긴 하다.

첫아이를 낳고 집에 온 지 얼마 안 된 어느 날 밤, 지칠 대로 지친 나는 아기 울음소리를 듣고 수유를 해야겠다고 생각했다. 머릿속에서는 일어나 아기를 팔에 안고 젖을 먹이기 시작했다. 문제는 내 머릿속 행동이 현실로 옮겨지지 않았다는 것이다. 남편이 일어나 아기를 달래려고 하자 나는 "괜찮아, 내가 안았어."라고 말하며, 침대에서 일어나 앉은 채 아기를 어르는 것처럼 팔을 흔들었다. 하지만 팔은 허공을 휘저을 뿐이고 아기는 계속 울었다. 불쌍한 남편은 내가 미쳤다고 생각했을 것이다. 미친 것은 사실이었지만, 잠시뿐이었다. (아기가 잘 때 나도 자야 한다는 충고에 100퍼센트 공감한다.)

아기를 낳고 처음 한두 달 동안 엄마는 아기에게서 잠시도 눈을 뗄 수 없고, 수면 시간은 들쭉날쭉해진다. 엄마는 생존 모드에 돌입한다. 하지만 이때 엄마가 겪는 극단적인 정신 상태는 일시적인 것이다. 잊지 말아야 할 것은, 이 시기에도 우리의 뇌는 계속 학습하고 있고, 우리는 더 똑똑해져가고 있다는 점이다.

엘리슨은 엄마의 뇌가 똑똑한 뇌임을 보여주는 여러 가지 연구 결과를 인용한 뒤, 출산 후 업그레이드 된 엄마의 뇌가 갖는 다섯 가지 특징을 열거한다.

인지능력 ● 뇌의 감각 영역이 확대된다. 아기가 언제 무엇을 필요로 하는지 느낄 수 있다. 후각과 미각이 예민해진다. "오감 중 하나가 발달하는 차원의 문제가 아니다. 주의력이 높아지고, 경험으로부터 습득하는 속도가 빨라진다. 타인의 생명을 책임지고 있기 때문이다."

효율성 ● 엄마들은 누구보다도 효율적으로 일을 처리하고, 멀티태스킹 능력도 배가된다. 굳이 설명하지 않아도 그림이 떠오를 것이다. 아기에게 수유를 하면서 전화통화를 하는 한편, 시장 볼 물건들을 적는 것이 가능하다. 차를 몰고 출근하면서 유축을 하는 아기 엄마 이야기를 들어본 사람도 많을 것이다. 더 말할 필요가 있을까?

적응력 ● 엄마들은 적응력도 발달한다. 미리 깔끔하게 메모해둔 계획표에 따라 하루가 굴러가지 않더라도 따를 수밖에 없다. 매 순간, 닥치는 대로, 앞으로 할 일들을 끊임없이 수정해가야 한다.

적극성 ● 어머니들은 지구상에 존재하는 포유류 중 가장 의욕이 충만한 존재들이다. 인간의 어머니도 예외는 아니다. 또 다른 인간을 사랑하고 보살펴야 한다는 의지는 여성에게 세상을 더 좋은 곳으로 만들고자 하는 맹렬한 욕구를 불러일으킨다. 자신의 일에는 그렇지 못하던 여성도, 아이를 위해서는 틀림없이 적극성을 띠게 된다.

감성 지능 ● 어머니가 되면 여성은 타인에 대한 관심과 공감능력이 향상된다.

 Tip 부부가 의사결정을 할 때는

남편과 의견이 다를 때 두 사람 모두 수긍할 수 있는 타협점 또는 합의점을 찾아내야 한다. 이견을 조정하기 위해 제삼자의 도움이 필요할 수도 있다. 사소한 문제라면 양쪽 모두 조금씩 양보하고 융통성을 발휘한다. 굵직한 문제들, 가령 훈육과 관련된 문제는 두 사람 모두 만족할 만한 결론을 찾아야 한다. 소통이 잘되는 (혹은 소통에 도움을 줄 중재자가 있는) 부부의 경우 대부분 합의에 성공한다. 재혼 가정의 경우, 아이와 혈연관계가 있는 쪽이 양육문제에 있어서(합리적인 범위 내에서) 거부권을 가져야 한다. 가장 중요한 것은, 아이가 보는 앞에서 부모가 일치된 모습을 보여주어야 한다는 것이다. 아이가 알아채기 전에 이견을 조정하고 두 사람 모두가 합의한 결론을 아이 앞에 내놓아야 한다.

- 줄리 슬래터리 박사, 가족심리학자, 라디오 프로그램
〈포커스 온 더 패밀리(Focus on the Family)〉 공동 진행자

출산을 통해 여성은 난생 처음 자신을 전혀 통제할 수 없는 상황을 몸으로 체험하게 된다. 입덧을 겪으면서 항암치료를 받는 환자들의 고통을 상상하기도 하고, 휠체어에 의존하면서 노년의 삶을 어렴풋이 짐작하게 된다. 종교적 깨달음을 얻은 사람처럼, 이전 삶에서 익숙하게 누리던 것들이 사라졌을 때 나를 둘러싼 보호막을 걷고 타인의 영향력을 편안하게 받아들이는 자신을 발견한다.

대담하게 결정할 수 있으려면

여성이라면 누구나 신속하고 확고한 결정을 내리면서도, 자신의 선택을 신뢰할 수 있는 능력을 키울 수 있다. 뭔가를 결정해야 할 때, 선택의 여지를 의도적으로 제한하는, 소위 '자발적 단순화'를 시도해보는 것도 좋다. 주어진 대안들을 조사하는 데 드는 시간을 미리 정해놓고 정해진 수의 의견만을 참고하자.

실수를 해도 괜찮다는 인식도 중요하다. 우리는 재능과 학식이 있는 열정적인 사람들이지만 대다수가 내면 깊숙이, 어쩌면 스스로도 인식하지 못하는 잠재의식 속에서 실수하면 안 된다는, 차마 말하지 못하는 압박을 느끼고 있다. 하지만 사람들은 언제나 실수로부터 교훈을 얻었다. 실수를 해도 괜찮다. 실수를 통해 우리는 성장하기 때문이다. 내 친구는 "실수를 저지르고 그 실수를 바로잡는 과정에서 우리는 완벽하게 해내는 법을 배운다."라고 말했다.

누구나 실수를 한다. 나도, 이 책을 읽는 여러분도, 우리 이웃의 엄마들도. 실수가 없는 삶이란 없다. 아니, 불가능하다. 우리는 살아 있기 때문에 선택하고, 실수하고, 또 다른 선택을 하고, 실패의 두려움 없이 계속 삶을 이어나간다. 대담하게 결정하고, 실수를 포용하면서 우리는 스스로가 지향하는 엄마의 모습에 점점 다가간다.

이제부터 한번 시도해보자. 뭔가를 선택했으면 거기서 생각을 멈추고, 귀여운 아이와 함께 색칠 놀이나 하며 시간을 보내자. (이번엔 어떤 색 크레파스로 칠해야 하는지 고민이라고? 그냥 손에 잡히는 대로 들고 즐겁게 칠하면 된다.)

✏️ How to…

▸ 최근 어떤 선택을 했는가? 선택에 쏟은 노력과 그 과정에서 느낀 불안이 최종 결정을 하는 데 얼마나 긍정적인 역할을 했는가?

▸ 시간을 되돌릴 수 있다면, 어떤 선택을 바꾸고 싶은가?

▸ 아이를 키우면서 실수를 할까 봐 두려운가? 두려운, 또는 두렵지 않은 이유는 무엇인가?

▸ 친한 엄마에게 최근 자신이 한 실수에 대해 이야기해보자. (상대방이 "나도 그랬는데."라고 반응하더라도 놀라지 말 것)

▸ 나는 최고를 추구하는 사람인가, 아니면 일정 수준에서 만족하는 사람인가?

▸ 선택의 범위를 자발적으로 줄이기 위해 할 수 있는 일은 무엇인가?

모성센스의 발견

2부

내 안의
모성센스 연습

chapter 5

●

누구나
처음은 두렵다

여성은 누구나 어머니가 되면 아이 키우는 법을 배워야 한다. 모든 일이 다 그렇듯, 아이 키우기에도 연습이 필요하다.

아이를 잘 키우는 데에 연습이 필요하다는 사실은 세상의 모든 첫째들에게 참 안된 일이다. 엄마들은 보통 첫아이에게 이런저런 양육 방식들을 시험해보기 때문이다. 첫아이를 낳은 엄마는 매사가 서툰 초보자이다.

엄마들은 첫아이를 키우면서 처음으로 기저귀를 갈아보고, 처음으로 아픈 아기를 돌보고, 처음으로 젖니가 나는 것을 보고, 처음으로 아이를 자전거에 태워보고, 처음으로 훈육문제를 고민해보고,

모성센스가 이끄는 느긋한 육아

처음으로 취학에 대한 결정을 내리고, 처음으로 십대 자녀를 키워
보고, 처음으로 자녀에게 운전대를 맡기고, 처음으로 데이트하러
가는 자녀를 배웅하고, 처음으로 아이를 독립시키고. (너무 멀리 갔
나?) 아무튼 이 밖에 수많은 첫 번째 경험을 한다.

누구에게나 처음은 있는 법이다. 남편과 나는 첫아이 조시에게
엄마 아빠도 배우는 중이라고 말했었다. 우리는 계속 배워야 했고,
아이가 자라고 또 다른 아이들을 키우면서 스스로를 변화시켜야 했
다. 우리가 배운 중요한 교훈 하나는 아이의 기질에 따라 양육 방식
도 바뀌어야 한다는 점이다. 둘째, 셋째 아이를 키우면서 점점 자신
감을 얻긴 했지만, 꾸준히 변화를 받아들이고 양육 방식을 바꾸어
가야 한다는 사실을 유념하며, 아이마다 어떤 양육 방식이 가장 효
과적인지 연구해야 했다.

 성격이 제각각인 아이들을 키운다는 건

첫아이를 키울 때는 하루 일과가 늘 규칙적이었다. 자다가,
놀다가, 또 잤다. 다른 엄마들이 아기의 생활이 들쑥날쑥이라
힘들다고 하면, 길들이면 되지 뭐가 힘들다고 저럴까 하고 의
아해했다. 3년 후, 뭐가 힘든지 드디어 깨달았다. 둘째 아이는

놀고 자는 시간이 일정치 않았다. 덩달아 내 생활도 불규칙해졌다. 첫아이를 키울 때처럼 책에서 하라는 대로 했지만, 그 어떤 방법도 통하지 않았다.

10여 년이 지난 지금, 당시를 되돌아보면서 나는 비로소 깨닫는다. 두 아이의 기질 차이는 십대가 된 지금도 뚜렷하게 드러난다. 아이들의 타고난 능력, 성향, 재능이 무엇인지 알고, 아이들이 인생을 살아가는 동안 자신들이 어떤 사람인지 잊지 않도록 일깨워주는 것이 엄마가 할 일이다.

예를 들어, 나는 창의력이 뛰어난 딸에게 수학이나 분석적 학문을 강요하지 않는다. 그랬다면 아이는 움츠러들었을 것이다. 나는 아이가 창의적인 글쓰기를 얼마나 좋아하고, 사회 정의에 대해 얼마나 큰 열정을 갖고 있는지 일깨워준다.

아이들의 타고난 개성을 기쁘고 감사하게 받아들이며, 그러한 개성을 응원하는 법을 배워가는 부모로서, 아이를 각각의 특성에 맞게 키우는 일은 어렵지만 매우 보람 있는 과제이다.

로라, 세 아이의 엄마

최근 연구에 따르면, 엄마들 대부분이 지금보다 좋은 엄마가 되

고 싶어 하고, 양육 기술을 키우는 데 도움이 될 만한 정보에 목말라 한다. 양육을 위해 엄마가 갖추어야 할 기본기만 열거해도 끝이 없다. 하지만 어쨌든 책은 끝내야 하니까, 세간에 알려진 여러 목록들을 종합하여, 공통으로 들어가 있는 항목만 추려 2부를 엮었다. 다음에 제시한 항목들을 살펴보고, 이런 기본 요소들을 어떻게 발전시켜 좋은 엄마가 될 것인지 활용 팁과 도구들을 알아보기로 하자.

인내 • 의도적으로 참는 것. 시간이 지체되고, 계획이 어긋나고, 화가 치미는 상황들을 짜증내거나 언짢아하지 않고 감내하는 능력.

존중 • 타인이 내게 해주기를 바라는 대로 타인에게 해주라는 격언을 실천하고 직접 본보기가 되는 것.

말과 행동의 일치 • 아이들이 필요로 하는, 믿을 수 있고 성실한 엄마가 되는 것.

멀고 길게 보기 • 무의미한 것은 피하고, 가장 중요한 사항들에 집중하는 것.

자제 • 방종한 세상에서 자신의 욕구를 억제하는 태도를 실행에 옮기고, 아이들에게 본보기가 되는 것.

평정 • 혼란한 가운데에서도 감정을 억제하고 평화로운 가정을 일구는 것.

기쁨 • 웃음을 잃지 않고 가정 내에 즐거운 환경을 가꾸는 것.

애정 • 무조건적 사랑에 기반을 둔 현명한 양육 철학을 구축하는 것.

다들 이미 깨달았겠지만, 남들보다 힘들이지 않고 아이를 키우는 엄마들도 있다. 타고난 운동선수, 음악가가 있는 것과 마찬가지다. 하지만 어떤 경우에든, 잘 달리기 위해서나, 피아노를 잘 치기 위해서나, 좋은 엄마가 되기 위해서나 연습이 필요하다. 그리고 누구나 연습을 하면 모성센스를 향상시켜 더 좋은 엄마가 될 수 있다.

모성센스가 이끄는 느긋한 육아

Mom's Talk 아이들 앞에서 이성을 잃게 되는 이유는?

말 안 듣고 엉망으로 어질러놓아서.

– 크리스틴, 세 아이의 엄마

깨끗이 세탁해서 빨아놓은 옷을 치우지 않고 그 위에 더러운 옷을 던져놓아서. 빨랫감들을 빨래 바구니 옆에 던져서. 왜 바구니 속에 집어넣지 못하는지 정말 이해할 수 없다.

– 질, 네 아이의 엄마

징징거려서!

– 마샤, 두 아이의 엄마

편식! 네 살이 다 되어가는 우리 아이는 편식이 심하다! 정말 미치겠다!

– 로라, 두 아이의 엄마

같은 얘기를 2조3천4백9십8억2천3백7십4만9천2백8십3만 번 해도 안 들어서!

– 크리스탈, 한 아이의 엄마

형제끼리 장난으로 시작한 주먹질이 심각한 주먹다짐이 된다. 그것도 매일! 최악의 상황은 차 안에서 벌어진다. 내 차는 대형 밴인데, 그 넓은 차에서도 서로 붙어 앉아 싸움질이다.

– 젠, 네 아이의 엄마

chapter 6

●

'빨리, 빨리'가
목구멍까지 차오를 때

　인내는 나와는 거리가 먼 덕목이다. 나는 느림보 운전자, 굼뜬 계
산원, 결정이 더딘 사람들, 느린 패스트푸드점 점원, 특히 느린 아
이들을 보면 짜증이 난다.

　어느 날, 각각 여덟 살, 다섯 살, 세 살인 세 아이들을 어딘가에 제
시간에 데려다주기 위해 문밖으로 몰고 나가면서, 아이들에게 정신
없이 소리치는 내 자신을 발견했다. 화도 나고 안절부절못해서, 점
점 목소리를 높이며 "빨리 해"라고 계속 외쳤다. 짜증이 심해지면
서 이도 꽉 물었다. 막내가 허둥지둥 문밖으로 밀려나가면서 나를
향해 고개를 들었을 때, 아이의 얼굴에 나타난 뭔가를 보고 나는 그

자리에 얼어붙어버렸다. 아이의 눈은 공포로 가득했다. 마치 무서운 괴물을 보고 있는 듯했다. 그 괴물이 바로 나였다. 참을성 없이 재촉하는 괴물.

그다음 날, 나는 새로운 시도를 해보기로 했다. 인내를 실천하기 위해 하루 동안 '빨리'라는 말을 하지 않기로 결심한 것이다. 쉬운 일은 아니었다. 남편은 출장 중이어서 나 혼자 아이들을 건사해야 했지만, 나는 '빨리' 괴물과 싸워 완전한 승리를 거두려는 의지를 불태웠다.

오전 6시 30분. 앞으로 겪게 될 전쟁과 같은 상황에 대해 마음의 준비를 하며, 나는 잠언 10장 19절을 암송했다. "말이 많으면 실수하게 마련, 지각 있는 사람은 입에 재갈을 물린다."

오전 6시 45분. 아이들을 깨울 시간. 이불을 걷어내고 과일맛 시리얼과 시나몬토스트를 먹자는 말로 아이들을 꾄다.

오전 7시. 아이들이 준비를 잘하고 있는지 확인하러 가본다. 아직 옷도 갈아입지 않고 장난감을 가지고 놀고 있다. 시리얼은 분홍색이 된 우유 속에서 흐물흐물 불어 있다. 토스트는 식었다. 벌써 나는 입술을 깨물며 입 밖으로 나오려고 하는 "빨리 해"를 삼킨다.

오전 7시 45분. 집을 나서야할 시간이다. 아들 녀석 셋 다 아침을 먹었고 옷도 거의 다 입었다. 어린 두 녀석은 아직 신발을 신지

않았지만, 오늘은 평소와 달리 큰아들 조시를 학교까지 태워다주
고 그냥 집으로 돌아오기로 했으므로, 맨발도 오케이. 가능한 한
활동량을 줄이는 것이 승산을 높인다고 생각했다. 최대한 친절
한 목소리로 "차에서 기다릴게."라고 말한다.

오전 7시 55분. 둘째와 셋째 아들을 차에 태운 채, 여덟 살짜리 큰
아들이 나오기를 기다리고 있다. "빨리 해"라고 호통을 치고 싶은
마음이 매 순간 커지지만, 그러지 않으려고 적극적으로 스스로를
타이른다.

오전 8시 45분. 둘째와 셋째 아들을 데리고 집 근처 냇가로 산책
을 간다.

오전 9시 20분. 열 시에 전화 회의가 잡혀 있어서, 아이들의 걸음
이 얼마나 느릴지 알고 있는 터라 집을 향해 출발한다.

오전 9시 48분. 28분 동안 겨우 한 블록을 걸어 왔다. 아이들은 길
에 떨어진 막대기 하나, 발 앞을 지나는 벌레 한 마리도 놓치지
않으려고 매번 걸음을 멈춘다. 다섯 살짜리 아들 녀석의 바지는
주머니에 쑤셔 넣은 돌멩이들 때문에 흘러내린다. 아이들을 재
촉하지 않으려면 엄청난 인내심이 필요하지만, 이 싸움에서 이겼
을 때의 기쁨이 이제 눈앞에 다가왔다. 아이들은 느긋하게 자유
를 만끽하고, 나도 아이들이 노는 모습을 즐겁게 바라볼 수 있을
정도로 속도를 늦췄다.

오전 11시 30분. 점심시간이다. 두 아이에게 땅콩버터와 꿀을 바른 샌드위치를 재촉하지 않고 먹이는 데 이렇게 오래 걸릴 줄은 생각지도 못했다.

오후 12시 30분. 둘째 녀석을 유치원 파티에 데려가기 위해 막내 아들을 친구 집에 맡겼다. 아이가 한 명으로 줄어들면 서두르지 않기가 훨씬 쉬워지리라 기대한다.

오후 12시 45분. 비디오를 반납하러 가기 위해 15분 일찍 집을 나섰다. 아이에게 비디오를 반납함에 넣고 오라고 시킨다. 평소에는 아이에게 반납함까지 얼른 뛰어갔다 와서 차에 올라타라고 말한다. 하지만 오늘은 아이를 다그치지 않았고, 그 결과 파티 시간에 겨우 맞출 수 있었다. 하지만 유치원에 몇 분 늦게 갔어도 눈치 챌 사람은 없었겠다는 점을 깨달았다.

오후 2시 30분. 파티가 끝나고, 아들이 안전벨트를 매는 기나긴 시간 동안 재촉하지 않고 기다린다.

오후 2시 34분. 마침내 안전벨트가 찰칵 소리를 냈다. 다섯 살짜리 아이는 두 가지 일을 한꺼번에 하지 못한다. 아들은 친구와 함께 게임을 한 이야기를 내게 들려주느라 바쁘다. 평소 같았으면 아들의 말을 막고 얼른 출발하게 벨트나 매라고 재촉했을 것이다. 하지만 오늘은 차에 앉아 아들의 이야기를 즐겁게 들어준다.

오후 2시 45분. 학교에서 나오는 큰아들을 차에 태우고 막내아들

내 안의 모성센스 연습

을 데리러 간다. 친구 집에 들어가 있는 동안 두 아이는 놀 수 있게 해주었다. "빨리"라는 말을 하지 않고 아이들을 다시 차에 태우기가 몹시 힘이 든다.

오후 3시 30분. 숙제할 시간. 둘째와 셋째가 큰아들을 방해하지 않도록, 두 아이에게 만화를 보여준다. 그러지 않으면 결심이 무너져 이제까지 잘 버텨온 싸움에서 패할 것 같았다.

오후 4시 30분. 저녁은 냉동피자로 간단히 때우기로 한다. 5시 15분까지 큰아들을 야구 시합에 데리고 가야 하기 때문이다. "시합에 늦지 않도록 빨리해."라고 말하지 않기 위해 마음의 준비를 한다.

오후 5시. 야구 시합 장소로 차를 몰고 가는 도중, 뒷좌석의 큰아들이 고함을 친다. "엄마, 저 느림보 앞차는 추월해버려. 우리 늦겠어!" 고통스러운 진실을 깨닫는다. 나는 내 아이들을 나처럼 참을성 없는 아이들로 키웠던 것이다.

오후 7시 30분. 잘 시간. 하루 중 가장 힘든 시간이다. "빨리 해"라고 말하지 않고 사내 아이 셋에게 잘 준비를 시키는 것은, 발가락을 어디에 부딪치고도 "아야"라든가, 욕설을 내뱉지 않고 참는 것만큼 힘들다. 아이들이 잠옷을 입는 동안 칫솔에 치약을 짜서 세면대 옆에 놓아둔다.

오후 8시. 칫솔에 짜놓은 치약이 굳기 시작한다.

모성센스가 이끄는 느긋한 육아

오후 8시 15분. 양치질은 포기하고, 늘 하던 대로 동화책을 읽기 시작한다. 타고난 본성을 억누르며 너무 빨리 읽지도, 페이지를 건너뛰지도, 닥터 수스의 기나긴 말놀이 책을 짧게 줄이지도 않겠다고 다짐한다.

오후 8시 30분. 둘째 아들이 모두에게 이빨을 닦지 않았다는 사실을 일깨워준다. 에잇!

오후 8시 40분. (간절히) 기도한다. 하루를 무사히 마칠 수 있게 인내심을 좀 더 달라고.

오후 8시 45분. 평소보다 45분 늦게 아이들이 침대에 평화롭게 눕는다.

오후 8시 50분. 세 살짜리 막내아들이 기도를 안 해서 나쁜 해적이 꿈에 나와 자기가 가장 좋아하는 호랑이 인형을 빼앗아 갈 거라고 불평한다.

오후 8시 51분. 나쁜 해적이 아들의 호랑이 인형을 가져가지 않게 해달라고 기도한다.

오후 9시. 지친 몸을 침대에 눕혔지만 마음은 흡족하다. 하루 종일 한 번도 "빨리 해"라고 큰소리치지 않았고, 그것만으로 좋은 엄마가 되었다. "빨리" 괴물이 다시는 우리 집에 나타나지 않도록 하기는 더 어려울 것이라는 걸 깨닫는다.

그날 나는 인내심이 조금 늘었고, 인내라는 덕목이 나와 내 아이들에게 얼마나 좋은 것인지 알았다. 또한 인내를 실천하는 것이 어렵다는 것도 알았다. 마치 2주 동안 매일 새벽 다섯 시에 일어나 16킬로미터를 달릴 정도의 노력이 필요한 것이다. 하지만 참을성 있는 엄마가 됨으로써 모성센스를 단단히 하고, 우리가 정말로 바라는 모습 그대로의 엄마에 좀 더 가까워졌다.

인내는 거의 모든 엄마들에게 힘든 과제이다. 아이들은 여러 가지 이유로 엄마의 조바심(대부분의 엄마들이 가지고 있는)을 끄집어낸다. 겨우 자신의 감정을 잘 조절하고 한동안 인내심을 잃지 않았다고 안도하는 순간, 감정을 폭파시킬 일이 터지고 만다.

몇 달 전 나는 아이들의 신발, 티셔츠, 양말(대개 한 짝만 있다), 라크로스 공, 탱탱 볼, 농구공, 축구공, 코트, 모자, 벙어리장갑, 배낭, 종이 등등 오만가지 물건들이 출입구 쪽 바닥에 널브러져 있는 것을 보고 그만 폭발하고 말았다. 정리 정돈을 잘하라고 수도 없이 일렀건만 아이들은 언제나 다른 일에 정신이 팔려 듣는 둥 마는 둥이었다. 나는 거친 숨을 한번 몰아쉬고 바닥에 있던 물건들을 모두 모아서 밖으로 던져버렸다. 이내 아이들이 신발이며 없어진 물건들을 찾기 시작했다. 제일 먼저 누구에게 물어볼까? 당연히 엄마다. "밖을 봐." 나는 무덤덤하게 대답했다.

안타깝지만 아이들은 나의 행동을 히스테리 발작이라고 생각했

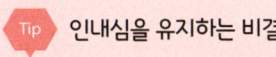 **인내심을 유지하는 비결**

1. 피로는 인내의 적임을 유념한다. 사람은 피곤을 느끼면 인내심이 약해진다. 피곤하다고 느끼면 휴식시간을 갖는다.

2. 내가 어떤 사람인지 파악한다. 완벽주의자는 아닌지, 비현실적인 잣대로 아이들을 평가하지는 않는지, 나 자신이나 아이들에게 요구하는 기대 가운데 버려야 할 것은 없는지 생각해 본다.

3. 생리전증후군에 주의한다. 여성들은 한 달에 한 번 유난히 초조해진다.

4. 스트레스에 주의한다. 심한 스트레스를 겪는 사람은 쉽게 인내심을 잃는다.

5. 유머를 잃지 않는다. 엄마들이 분통을 터뜨리는 순간들은 사실 조금만 바꾸어 생각해보면 코믹한 상황인 경우가 많다.

6. 나 자신이 참을성이 없는 부모 밑에서 자라지는 않았는지 생각해 본다. 만약 그렇다면 내가 자라난 환경이 내 아이에게 되물림될 수도 있음을 명심한다.

7. 아이들이 보고 있음을 기억한다. 참을성 있는 아이들로 키우고 싶다면, 엄마 스스로도 참을성 있는 어른이 되어야 한다. 하지만 말처럼 쉽지 않다. "미안해."라고 말하는 법을 배운다면, 엄마에게도 아이에게도 도움이 될 것이다.

나 보다. 이제는 물건이 없어지면 이렇게 묻는다. "엄마, 또 발작을 일으켜서 물건들을 밖으로 던지셨어요?"

누구나 인내심을 잃는 순간이 온다. 하지만 다행인 것은 인내심은 다시 회복할 수 있다는 것이다. 나는 인내심을 잃고 아들들의 물건을 밖으로 던져버렸다. 내가 인내심을 잃은 것이 어디 그때 한 번뿐이랴. 아이들에게 쓰고 난 물건들을 정리 정돈하도록 가르치는 효과적인 방법은 수백 가지는 될 것이다. 하지만 나의 인내심은 바닥나버렸다. 물론 이성을 잃어버린 그 순간이 지나자 나는 다시 평정심을 되찾았다. 그리고 오늘도 인내심을 연습, 또 연습하며 살아간다.

 일과 육아를 병행할 때 참고할 것

어느 날, 내가 컴퓨터 앞에 앉아 업무 관련 이메일을 몇 통 쓰는 동안, 딸 에바는 방바닥에 앉아 혼자 놀고 있었다. 에바가 끊임없이 질문을 해대는 바람에 일에 집중할 수 없었던 나는 인내심이 점점 바닥나고 있음을 느꼈다. 그날 안에 꼭 해야 하는 일이었기 때문이다. 그때 좋은 생각이 떠올랐다. 나는 부엌으로 가서 타이머를 가지고 왔다.

"에바, 엄마는 꼭 해야 할 일이 있어. 지금부터 10분 후에 타이머가 울리도록 맞춰놓을 테니까, 그동안 방에서 혼자 놀고 있을래? 10분 후에 타이머가 울리면, 그때부터는 엄마도 하던 일 멈추고 에바 하고만 놀게."

나의 전략은 성공했다. 아이와의 약속은 일종의 게임이 되었다. 나는 일에 집중할 수 있었고, 에바도 타이머가 울린 후에는 엄마를 독차지할 수 있다는 것을 알았다. 아이는 타이머가 울리고 내가 일을 멈추기만을 기다리다가 때가 되면 내가 일하는 방으로 달려왔고, 우리는 같이 놀았다.

나는 필요에 따라 타이머 시간을 더 길게 조정하기도 했고, 에바도 더 오랜 시간을 혼자 보내는 데 익숙해져갔다.

재크, 두 아이의 엄마

 **How to···**

▸ 나는 참을성이 있는 사람인가? 그렇게 생각하는 이유는?

▸ 아이들에게 인내심을 갖는 연습을 위해 내가 하루 동안 할 수 있는 일은 무엇일까?

▸ 인내심이 한계에 가까워지고 있음을 나타내는, 눈에 띄는 징후들은 무엇 인가?

▸ 그런 징후들이 나타날 때, 나의 의지로 인내심을 잃지 않는 방법은 어떤 것이 있을까?

내가 아이들에게 바라는 대로 행동한다. 나는 늘 두 아이들을 존중했고, "부탁해"와 "고마워"라는 말을 생활화했다. 아이들의 말을 경청했더니 아이들도 내 말에 귀를 기울였다.

– 캐런, 두 아이의 엄마

나는 타인에 대한 존중은 살아 있는 생명에 대한 존중에서 시작한다고 믿는다. 내 아들은 침실에서 화초를 키우는데, 화초를 돌보는 일은 아이의 책임이고 아이도 화초를 대단히 소중히 여겨서 이름까지 지었다. 새에게 먹이를 주고, 벌레 한 마리도 함부로 죽이지 않는 것은 존중을 가르치는 훌륭한 방법이다. 생명에 대한 존중에서 인간에 대한 존중을 배우길 바란다.

– 헤이젤, 한 아이의 엄마

우리 가족은 농담도 함부로 하지 않도록 신경을 쓴다. 누군가와 함께 웃는 것과 누군가를 웃음거리로 삼는 것 사이에는 차이가 있다. 누군가를 웃음거리로 삼는 것은 존중하는 태도가 아니라는 점을 가정에서 늘 강조한다.

– 테리, 세 아이의 엄마

어느 날 나는 셀러리를 썰면서 아들의 말을 한쪽 귀로 흘려듣고 있었다. 아들은 내 손을 잡더니 나를 쳐다보며 자기 말을 집중해서 들어달라고 했다. 그다음부터 나는 아이들이 말할 때는 하던 일을 멈추고, 눈을 맞춰가며 들으면서 아이들의 생각, 아이디어, 의견을 귀중하게 여기려고 노력한다.

– 진, 세 아이의 엄마

●

chapter 7

존중에
관하여

다음의 두 가지 상황을 떠올려보자.

첫 번째 상황

두 엄마가 함께 영화를 보려고 극장에 왔다.

엄마1 : 나 얼른 화장실 다녀와야겠어. 금방 올게.

엄마2 : 그래, 내가 팝콘이랑 음료수 사올게. 여기서 다시 만나자.

두 번째 상황

엄마2가 두 살 된 아들과 함께 도서관에 왔다. 오늘은 일주일에 한

번, 자원봉사자가 아이들에게 책을 읽어주는 날이다. 엄마와 아이는 이제 막 자리를 잡고 앉았다.

아들 : 엄마, 나 화장실.

엄마2 : 또? 너 진짜 왜 그래? 미리 갔다 왔어야지! 조금만 참아.

아들 : 못 참겠어요. 지금 갈래요.

엄마2 : (아들의 팔을 거칠게 잡으며)알았어, 가자. 빨리 갔다 와야 돼! 금방 시작한단 말이야.

존중. 말로는 쉬워 보여도 가족 간에 서로를 존중하기는 쉽지 않다. 하지만 훌륭한 모성센스를 갖춘 엄마라면 타인을 존중할 뿐 아니라 존중하는 태도로 타인에게 본보기가 된다.

위에 예로 든 상황에서, 만약 '엄마2'가 자신의 아들에게 하던 그대로 친구에게 말한다면 어떻게 될까? 무례하고, 제대로 배우지 못하고, 사회성에 문제가 있는 사람이라도 친구가 화장실에 가고 싶어 한다고 해서 화를 내지는 않을 것이다. 나로 말할 것 같으면 화장실 표시만 봐도 화장실에 가야 하는 사람이라 잘 안다. (내 친구들 중에 무례하고, 사회성이 떨어지는 사람이 있다는 이야기는 아니지만, 설령 그렇다 해도 말이다.)

내 친구들은 그런 나의 행동에 짜증을 내지 않는다. 내 친구들은 나의 욕구를 존중한다. 그건 그리 힘든 일도 아니다.

하지만 불행히도 우리는 그 대단치 않은 일로 아이를 다그치고 언성을 높이는 엄마들을 흔히 본다. 어쩌면 아이가 지난 한 시간 내내 수도 없이 화장실에 가겠다고 했을지도 모른다. 어쩌면 엄마가 임신 중이라 비좁은 공중화장실에 들락날락하기가 너무 민망하고 불편했을지도 모른다. 어쩌면 중요한 약속이 있는데 아이 때문에 가족 모두가 늦어버렸는지도 모른다. 나도 그런 엄마였기 때문에 알고 있다. 하지만 이유야 어찌되었든, 내 가족이 나를 존중하고 나아가 다른 사람들을 존중하기 바란다. 나도 내 가족을 존중하는 연습을 해야 한다.

엄마로서 우리 모두는 타인에게, 가장 먼저 우리 아이들에게 본보기가 될 수 있다. 모성센스가 좋은 엄마는 늘 존중하는 태도가 몸에 배어 있고, 언제나 그러한 태도를 유지한다.

어린 시절 가정에서 존중받지 못하고 자란 엄마라면, 존중이라는 모성센스의 요소를 키우기 위해 많은 노력을 기울여야 할 것이다. 하지만 누구에게나 바람직하지 못한 행태가 되풀이되는 것을 막을 기회가 주어진다. 우리의 행동, 말, 태도가 아이들에게 옮겨갈 것이고, 아이들은 더 쉽게 부모, 다른 가족 구성원, 타인을 존중하는 태도를 몸에 익힐 수 있을 것이다. 그 효과는 이후의 세대들에게서도 느껴질 것이다.

존중은 두 글자의 짧은 단어이지만, 그 의미는 매우 광범위하다.

존중한다는 것은 친절하게 대하고, 공경하고, 참아주고, 속이지 않고, 돋보이게 하고, 응원해주고, 공감해주고, 예의를 갖추고, 품위를 지키고, 배려하고, 잘해주고, 감사하고, 존경하고, 다정하게 대하고, 이해하고, 긍정적으로 평가하고, 사랑하고, 보살피고, 소중히 여기고, 가치를 인정하고, 희망을 주는 것이다.

존중은 끌어내리지 않고, 비난하지 않고, 비하하지 않고, 군림하지 않고, 놀리지 않고, 조롱하지 않고, 교만하지 않고, 모욕하지 않고, 부끄럽게 여기지 않고, 이기적으로 행동하지 않는다.

존중하는 아이로
키우고 싶다면

자신의 자녀를 존중하는 어린이로 키우고 싶다면, 엄마도 존중하는 어른이 되어야 한다.

언론학 석사과정을 밟을 때 나는 논문 주제로 'TV를 통해 나타난 가족의 모습'을 택했다. 당시 어린이들이 TV에서 본 모습을 본보기로 삼는지 여부에 대해 많은 연구를 했고, 그 결과 그렇다는 결론을 얻었다. 당연한 결론이겠지만, 연구 과정에서 나는 사회학습이론이라는 것을 접하게 되었다. 수많은 연구로 입증된 사회학습이론은 인간이 행동을 학습하는 데 가장 크게 의존하는 방식은 실제로 살아 있는 사람을 관찰하는 것이라는 이론이다. 역시나 당연한 말씀. (두 번째로 의존하는 대상이 TV인데, 이는 TV가 실제 사람들의 삶과 가장 가까운 모습을 보여주기 때문이다.)

나는 아이들이 어떤 삶을 살고 어떤 어른으로 자라나기를 바라는지에 따라 우리의 삶도 달라져야 한다고 믿는다. 아이들은 우리가 살아가는 모습 그대로 살아갈 것이기 때문이다. 특히 삶에서 모성 센스를 활용할 때도 이 점을 염두에 둬야 한다. 우리가 하루하루를 어떻게 살아가고, 삶에 대해 어떤 태도를 갖고, 타인을 어떻게 대하는지가 우리 곁에 있는 아이들의 뇌와 심장에 각인된다.

비록 부모가 가정에서 어른일지라도, 아이들로부터 배울 기회가 있는지 늘 찾아야 한다.

 존중하는 아이로 키우기 위한 육아 팁

▸ 아이와 자주 소통할 것. 엄마가 아이와 많은 시간을 함께 보낼수록, 아이는 자신이 소중한 존재라고 느끼게 된다. 온 가족이 모여 TV를

본다고 해서 시간을 함께 보내는 건 아니다. 아이와 함께 무언가를 하고, 아이와 소통하며 서로를 알아가는 연습을 하는 것이 중요하다.

▶ 아이의 생각과 의견에 귀 기울일 것. 가령, 엄마가 사람들 앞에서 아이에 대해 떠벌리거나, 사람들 앞에서 장기자랑 같은 것을 해보라고 했을 때 아이가 창피해하는 기색을 보인다면 당장 그만두어야 한다. 아이들의 감정을 존중한다는 의미에서 말이다.

▶ 타인에 대해 긍정적으로 말할 것. 늘 다른 사람에 대한 칭찬이 몸에 배게 할 것. 아주 잠깐 만난 사람이라도. 다른 사람에 대해 부정적인 말을 하면, 아이도 그대로 따라 한다.

▶ 긍정적인 소통 방식을 사용할 것. 마더 테레사는 "친절한 말은 짧고 베풀기도 쉽지만, 그 효과는 무한하다."라고 말했다. 언성을 높이거나 깔보는 표현을 삼가라. 밝고 긍정적으로 말할 것.

▶ 말한 대로 실천할 것. 엄마가 늘 자신의 말을 행동에 옮기는 사람이라면 아이는 엄마를 존중할 것이고, 언행이 일치하는 사람이 되는 것이 얼마나 중요한지 배우게 될 것이다.

▶ 부모도(혹은 자녀도) 잘못했을 때는 사과할 것. 사람은 누구나 실수를 한다. 잘못했는데도 옳다고 억지를 부리는 것보다 사과했을 때 더 큰 존경을 받을 수 있다. 아이들도 잘못을 저지르는 것이 당연하므로, 잘못했을 때는 사과하도록 격려하고, 사과를 받아준다.

내 안의 모성센스 연습

브레이크를 밟으며 나는 백미러로 뒷좌석에 앉은 딸의 모습을 살폈다. 이미 아이의 관심을 돌리기는 늦은 듯했다.

"엄마, 저 아저씨는 일자리도 집도 없고, 지금 배가 고파서 먹을 것이 필요해요. 저 아저씨 보고 있으니까 너무 슬퍼요." 케이티는 미처 말을 끝내기도 전에 울먹이고 있었다.

나는 심호흡을 한번 했다. 엄마로서 그냥 지나칠 수 없는, 어려운 결정을 내려야만 하는 순간이었다. 케이티와 나는 긴 하루 일과를 마친 후였다. 아이도 지쳤고 나 역시 냉동피자로 저녁을 해결하고 애를 재운 뒤 쓰러져 자고 싶은 생각뿐이었다.

"저기 길가에 있는 저 사람? 팻말에 그렇게 쓰여 있니?"

나는 짐짓 모르는 척하며 물었다. 그런 이야기를 계속하고 싶지 않았다.

"정말 슬픈 일이네. 다른 느낌은 안 드니?"

"네, 그냥 잠깐 울고 싶어요."

나는 케이티가 스스로 감정을 처리하는 동안, 이제부터 어떻게 반응할지 생각해보았다. 나 편하자고 여기서 대화를 중단할 수는 있다 쳐도, 아이가 잠들 때까지 울음을 그치지 않아

애를 먹을 것 같았다. 한편으로, 아이가 스스로 감정을 조절하는 법을 배우고 한 단계 성장하는 모습을 보고 싶기도 했다. 또 걸인에 대한 나의 냉소적 태도에 대해 조금이나마 속죄하고 싶다는 마음도 있었던 것 같다.

집에 거의 다 와서, 나는 뒷좌석으로 손을 뻗어 아이의 손을 잡고 더 이야기하고 싶은지 물었다.

"집도 없고 일자리도 없는 아저씨 생각하니 마음이 아프지? 나도 이해해. 나도 그렇거든. 하지만 엄마는 감사하다는 생각도 들어. 엄마 아빠는 직업이 있고, 우리 가족은 따뜻하고 좋은 집에 살잖아."

"먹을 것도 살 수 있고요."

이제 케이티는 울음을 거의 그치고 코만 조금 훌쩍거렸다. 동네 어귀 모퉁이를 돌면서, 나는 이야기를 마무리해야겠다는 생각이 들었다.

"그런데 가끔 슬퍼하는 것도 나쁜 건 아니야. 그렇다고 늘 슬프기만 하면 너도 싫겠지?"

"네, 저도 그런 건 싫어요."

케이티는 소매로 얼굴에 남아 있는 눈물과 콧물을 훔쳐내며 말했다.

"그래서 엄마는 뭔가 슬픈 생각이 들 때는 슬프다는 생각을 잠깐 멈추고 내가 왜 슬픈지 생각해. 그리고 슬퍼하는 것 말고 내가 할 수 있는 일은 없는지도 생각해봐. 우리 저 아저씨 같은 사람들을 위해서 어떤 일을 할 수 있을까?"

"사과나 간단히 먹을 만한 음식을 줄 수 있어요. 담요나 비누 같은 물건도요."

"정말 괜찮은 생각이다! 다음에 시장 보러 가면 시리얼바랑 비누를 좀 넉넉히 사자. 길을 다니다가 배고픈 사람을 만나면 나눠줄 수 있게."

엘사, 두 아이의 엄마

우리는 종종 타인을 존중하는 것이 어떤 것인지를 아이들을 통해 배우곤 한다. 엘사의 딸이 배고픈 노숙자에게 느낀 순수하고 때 묻지 않은 감정이 엘사의 마음도 움직였다. 이 일을 계기로 엘사는 노숙자에게 나눠줄 식료품과 비누를 차에 늘 실어두게 되었다. 만약 엘사가 냉담한 태도로 일관하며 아이의 마음을 모른 척했다면, 그 짧은 순간의 아이의 경험은 그대로 잊히고 말았을 것이다. 하지만 엘사는 그 순간을 놓치지 않고 해야 할 일을 했다. 아이의 말에 귀를 기울이고, 도움이 필요한 사람들에게 도움을 주었다. 모두 유치원

모성센스가 이끄는 느긋한 육아

생 딸아이의 거짓 없는 눈물 덕택이었다.

　모성센스가 훌륭한 엄마는 어디서나 존중을 실천한다. 예수님이 다른 사람이 나에게 해주기 바라는 대로 다른 사람에게 하라고 말씀하신 데에는 다 그럴 만한 이유가 있는 것이다. 존중이라는 말 이면에 놓인 고귀한 진리는 내가 주는 대로 나도 받는다는 것이다.

 **How to···**

▶ 존중하는 행동으로 어떤 것이 있을까?

▶ 존중하지 않는 행동으로는 어떤 것이 있을까?

▶ 내 가정에서 존중은 어떻게 실천되는가?

▶ 아이들에게 내가 다른 사람들을 존중한다는 것을 보여주기 위해 지금 할 수 있는 행동은 무엇인가?

▶ 내가 아이들을 존중한다는 것을 보여주기 위해 지금 할 수 있는 행동은 무엇인가?

행동은 말보다 큰 힘을 갖는다

아이를 잘 키우기 위해 꼭 알아야 할 간단해 보이지만 중요한 비밀이 있다. 아이들은 보고 들은 것을 그대로 습득한다는 점이다. 엄마라면 반드시 명심해야 한다. 아이들은 엄마가 스트레스에 반응하는 방식을 보고 그대로 따라 한다. 아이들은 우리가 친구들에게(혹은 친구들에 대해서) 말하는 그대로 듣고 또래들과의 관계에서 되풀이한다. 아이들은 우리가 어떤 상황에서 눈물 흘리고, 화내고, 감정을 누그러뜨리는지 간파하고 그대로 닮아간다. 아이들은 하루하루 어른들이 살아가는 모습에서 인내와 조바심, 동정과 무관심, 관용과 편견, 근검과 사치를 배운다. 정말 간단한 이 사실을 사람들은 너무 쉽게 간과한다. 어른들은 아이들의 삶에서 자신이 얼마나 큰 영향력을 행사할 수 있는지 깨닫지 못한다. 어쩌면 늘 어딘가에 가서 뭔가를 배우고 체험해야 한다며 엄마들을 현혹하는 그릇된 주장들이 우리의 눈을 가리는지도 모른다. 이제 잠깐 속도를 늦추어보자. 나 자신의 영향력을 무시하지 말자. 나의 일상이 내 아이에게는 살아 있는 교과서다. 매일매일 느닷없이 닥치는 순간에 아이들 앞에서 보여주는 올바른 행동이 플래시카드를 보여주고, 학원에 데려다 줄 카풀

을 짜고, 컴퓨터 게임을 시키고, 과외 교습을 받게 하는 것보다

훨씬 더 중요한 의미를 갖는다.

- 미셸 보르바
(교육학 박사, 내셔널 에듀케이터 어워드 수상자, 작가, 방송인)

작은 일에 힘 빼지 마라. 매사에 엄격하려고 하면 엄마의 목소리는 어느새 소음이나 다를 바 없어진다. 꼭 필요할 때만 진지해질 것.

— 줄리, 두 아이의 엄마

시작은 어렵지만 결국에는 그만한 가치가 있다.

— 완다, 두 아이의 엄마

말한 대로 실천하는 것이 최선임은 분명하지만, 때때로 타협이 필요하다면 상황의 경중에 따라 선택적으로 대처할 것.

— 로라, 두 아이의 엄마

chapter 8

말과 행동의
일치 끌어내기

멜리사는 눈이 반쯤 감긴 채로 침대 위에 쓰러지다시피 했다. 긴 하루를 보낸 그녀는 녹초가 되었다. 남편은 여행 중이었기 때문에 두 딸에게 책을 읽어주고, 기도를 하고, 아이들을 재우는 일을 그녀는 거의 매일 밤 혼자 해야 했다. 요즘 들어 고집이 세진 여섯 살짜리 로렌은 침대에 가만히 있으려고 하지 않았다.

오늘도 다를 바 없었다. 멜리사는 비몽사몽간에 자신의 방으로 달려오는 로렌의 작은 발소리를 들었다. '제발, 오늘은 그냥 좀 자고 싶어.' 속으로 애원해보았지만, 이내 문을 두드리는 소리가 들렸다.

"엄마, 목말라요." 로렌이 소곤거렸다.

"로렌, 엄마가 아까 마실 것 줬잖아. 이제 자야지."

멜리사가 말했다.

로렌의 한숨 소리가 들렸다. 멜리사는 로렌이 계속 문 앞에 서서 자러 가지 않을 다른 핑계거리를 생각하고 있다는 걸 알고 있었다. 엄마와 딸의 기 싸움이 시작된 것이다. 멜리사는 물러서고 싶지 않았다. 매일 밤 자려고 하지 않는 로렌과 한두 시간씩 씨름하는 데에도 이제 지쳤다. 이미 며칠 밤을 연달아 아이에게 굴복했다. 무엇이 옳은지는 알고 있었지만 그녀에게는 에너지가 모자랐다. 멜리사는 피곤하긴 했지만 오늘만큼은 포기하지 않고 악순환의 고리를 끊겠다고 굳게 마음먹었다. 그녀가 최근 읽은 육아책에는 아이를 침대에 눕히고 나면 다음 날까지 모른 척하라고 나와 있었다. 지금이 아니면 영영 아이의 버릇을 고칠 수 없다는 생각에 멜리사는 일어나 로렌의 손을 잡고 아이를 침실까지 데려다 주었다. 그러고는 딸을 안고 잘 자라고 뽀뽀해준 다음 말했다. "로렌, 엄마는 피곤해서 이제 잘 거야. 잘 자라는 인사도 했으니까 내일 아침까지 너랑 얘기 안 할 거야. 사랑해." 멜리사는 돌아서서 걸어 나왔다. 방금 말한 대로 꼭 실천하리라 다짐하면서.

잠시 후, 로렌이 그녀의 방문을 두드리며 엄마를 찾았다. 하지만 이번에는 멜리사도 못들은 척 했다. 아이에게 별일 없으리라는 것을 알고 있었다. 문 두드리는 소리는 점점 커졌고, 엄마를 부르는 아이의 목소리도 커졌다. "엄마, 내 말 좀 들어봐요." 이 고집쟁이 꼬마는 엄마가 전에도 자신의 요구를 들어줬으니, 이번에도 결국 원하는 대로 해주리라고 생각했다. 하지만 이번엔 아이가 틀렸다.

20분간 문을 두드리며 엄마를 찾던 로렌은 소란을 멈췄다. '더는 못 참겠다 싶었는데, 드디어!' 로렌은 생각했다. 하지만 이내 낮에 거실에 놓아둔 진공청소기 돌아가는 소리가 들렸다. '이게 웬일이지? 로렌이 내 관심을 끌려고 청소기를 돌리는 거야?' 멜리사는 하도 어이가 없어서 소리를 질러야 할지 웃어야 할지 모를 지경이었다. '모르겠다. 그냥 내버려두자. 어쨌든 카펫은 깨끗해지겠네.' 멜리사는 마음을 다스리며 상황을 긍정적으로 바라보기로 했다. 잠시 후, 청소기 소리가 멈추고 집은 조용해졌다. 멜리사는 20분 정도 더 기다리다가, 딸의 방을 몰래 들여다보았다. 로렌은 곤히 자고 있었다. 안 자려고 하는 로렌의 생떼를 하룻밤 더 버텨내고 나니 로렌은 더 이상 그런 행동을 하지 않았다. 멜리사는 자신이 말한 대로 끝까지 행동했다. 쉽지는 않았지만 효과는 있었다.

엄마로서 말한 대로 행동하는 것은 매우 힘들다. 나는 일어나서 딸의 요구를 들어주지 않고 자신이 결심한 대로 행동한 멜리사의 능력을 존경한다. 쉽지 않았을 것이다. 아이를 키우다 보면 아이의 요구에 끌려가기 십상이다. 하지만 이를 방치하면 상황은 반복되고 점점 심각해질 뿐이고, 아이들은 자신이 원하는 대로 요구만 하면 이루어질 거라고 생각하게 된다.

자녀들이 부모가 말한 바를 그대로 지키려는 의지가 있는지 시험하는 이런 상황은 아이를 키우는 긴 세월 동안 수없이 반복된다. 자신이 믿는 대로 실천하고 말한 대로 행동하는 부모가 되는 법을 아이들이 아직 어렸을 때 배워두는 편이 좋다. 그래야 아이들이 부모의 말을 심각하게 받아들일 테니까.

 엄마를 더 힘들게 하는 이상한 벌칙

나는 5년간 혼자 아이를 키우다가 지금의 남편 윌을 만나 사랑하고 결혼하게 됐다. 윌은 멋진 남편이고 내 아들 쿠퍼에게도 좋은 아버지이지만, 아이를 다루는 데는 미숙하다. 혼자서 육아를 전담하던 나는 이제 윌과 힘을 합쳐보려고 노력 중이다.

어느 날 밤, 내가 밖에서 친구들을 만나는 사이 윌이 쿠퍼를 재우려고 했는데, 쿠퍼는 잠옷을 갈아입지 않겠다고 고집을 부렸다. 그래서 윌은 "좋아, 그러면 앞으로 일주일 동안 공원에 안 갈 거니까 그리 알아."라고 말했다.

집에 돌아온 내게 윌은 말을 안 듣는 쿠퍼에게 어떤 벌을 주었는지 말해주었다. 나는 당황했다. 다가올 한 주 동안 쿠퍼와 대부분의 시간을 보낼 사람은 나인데, 꼬박 이레 동안이나 공원에 못 간다면 쿠퍼보다 내가 더 못 견딜 것 같았다. 공원은 우리 집 바로 뒤에 있었다. 집 뒤쪽 테라스에서도 보일 만큼 가까워서 쿠퍼가 밖에 나가 놀고 싶어 할 때면 우리는 늘 그 공원에 갔다. 월이 하루나 이틀 정도 공원에 못 가게 했다면 괜찮았을 텐데 일주일이라니. 어쨌든 나는 월의 결정대로 하겠다고 말했다.

하루이틀 뒤, 나는 쿠퍼를 월에게 맡겨놓고 물건을 사러 나갔다. 집에 돌아와 집 뒤쪽으로 나 있는 창밖을 내다보니 쿠퍼가 공원에서 동네 친구들과 놀고 있었다. 나는 공원에 못 가는 벌을 줬으면서 왜 쿠퍼를 공원에서 놀게 해주었냐고 월에게 물었다. 그랬더니 월은 "애가 친구들이랑 놀고 싶은데 그러지 못하고 창밖만 내다보고 있는 걸 보니 마음이 안 좋아서. 그냥 나가서 놀다 오라고 했어."

월이 얼마나 마음 약한 아빠인지 이야기하며 우리 부부는 웃었다. 아울러 우리는 벌칙은 되도록 현실적인 것으로 정하되, 쿠퍼보다 우리 부부를 힘들게 해서는 안 된다는 작은 교훈을 얻었다.

브리트니, 한 아이의 엄마

엄격하고, 말과 행동이 일치하는 엄마가 되는 것은 엄마의 정신 건강을 위해서는 물론, 아이가 엄마를 믿고 의지하게 만들기 위해서도 매우 중요하다. 엄마가 자신이 말한 바를 끝까지 지키는 사람이라는 믿음을 갖게 하는 것은 비단 훈육을 위해서뿐 아니라 여러 가지 면에서 필요하다. 가령, 아이에게 엄마가 미리 약속한 대로 움직이고, 정해진 시간에 자신을 데리러 오고, 예측 못한 상황에서도 한결같이 침착하게 대처하리라는 믿음을 주는 것이다. 그렇게 하면 아이는 엄마가 충실하고, 믿을 수 있는 사람이라고 느끼게 된다. 모성센스를 키워가는 엄마라면 삶의 많은 부분에서 일관적인 태도가 부모로서의 기술을 발전시키는 데 얼마나 도움이 되는지 깨닫게 될 것이다.

 **How to…**

▸ 아이를 키우면서 말한 대로 실천하기 힘들었던 상황은 언제였나?

▸ 그럴 때 아이는 어떤 반응을 보였는가?

▸ 아이를 키우면서 말한 대로 지키기 어려웠던 경험에 대해 다른 엄마들과 이야기해보고, 친구에게 내 말과 행동이 얼마나 일치하는지 정기적으로 확인해달라고 부탁한다. 그렇게 자신의 일관성이 지켜지는지 알아보는 것이다.

Mom's Talk 엄마들이 균형감을 잃어버리게 만드는 상황은?

"이 또한 지나가리……."류의, 대소변 가리기, 깨물기 같은 문제. 당시에는 영영 끝나지 않고 평생 갈 문제같이 느껴졌다.

― 크리스틴, 세 아이의 엄마

아이가 인생의 쓴맛을 알아가는 과정을 지켜볼 때. 예를 들어, 생일파티에 초대받지 못하거나, 가장 아끼는 장난감을 잃어버렸을 때 대범해지기가 어려웠다. 이건 그냥 사소한 문제고 애들은 그러면서 인생을 배우는 것이고, 금방 괜찮아질 거라고 스스로를 다독여야 했다

― 제이미, 한 아이의 엄마

나는 늘 나 자신과 아이에게 이렇게 되새기며 위안을 얻었다. 내가 아이들에게 최고의 엄마라고.

― 카렌, 세아이의 엄마

수면 부족. 매일 밤 잠들 때까지 안고 토닥여주기를 바라는 아이들 때문에 너무 힘들었다. 왜 그냥 혼자서는 못 자는 걸까? 하지만 '아냐, 언젠가는 이런 아이들의 투정이 그리워질 때가 올 거야.' 매일 밤 마음속으로 되풀이하는 혼잣말.

― 알렉산드라, 세 아이의 엄마

chapter 9

단단하고
느긋하게

조던은 새로 산 초록과 회색 체크 무늬 반바지와 가장 아끼는 보라, 노랑 줄무늬 폴로셔츠를 입고 자기 방에서 나왔다. 일반적인 패션 센스와 색감에서 본다면 재앙에 가까운 옷차림이었지만, 조던에게는 그렇지 않았다. 참, 내가 말했던가? 조던은 색맹이다. 조던은 모처럼 밝은 색의 새 옷을 스스로 골라 입었다는 자랑스러움에 나를 향해 활짝 웃었다. 어울리지 않는다는 것은 꿈에도 모르겠지만, 안다고 해도 별로 신경 쓰지 않았을 것이다.

애가 괜찮다는데 나라고 신경 쓸 필요가 있을까? 아이의 옷차림이 눈에 거슬린다면 그건 순전히 내가 색깔을 잘 맞춰 입혀놓은 잡지 화보 속의 예쁜 아이들을 너무 많이 봤거나 쇼핑몰을 너무 돌아다녀서 예쁜 아이들 옷에 마음을 빼앗겼거나, 내 친구 아이들이 늘 예쁘게 하고 다녔기 때문일 것이다.

아이들의 패션 센스에 대한 나의 기대는 어차피 내가 자라면서 학습한 것일 뿐이다. 이유야 어찌 되었든, 나는 조던에게 다른 옷으로 갈아입으라고 말하지 않기 위해 입술을 깨물어야 했다. 아이의 손을 잡고 다시 방으로 돌아가 서랍에서 체크 반바지랑 어울리게 입으라고 사둔 초록색 셔츠를 입히고 싶은 마음, 그러기 위해 필요하다면 좋아하는 물건으로 아이를 꾀어보고 싶은 충동을 억눌러야 했다. 하지만 아이의 크고 반짝이는 초콜릿색 눈동자와 사랑스러운 웃음을 보면서 나는 마음 쓰지 말자고 다짐했다. 어차피 조던은 아무 색 옷이나 입혀도 사랑스러웠다.

나의 관점이 변했다. 내 모성센스가 개인적 취향들을 압도했다. 나는 의식적으로 조던을 있는 그대로 받아들이고, 아이의 옷이 어울리든 아니든 마음 쓰지 않기로 마음먹었다. 인생이라는 큰 그림에서 보면 작은 문제였지만, 나의 생각이 바뀐 순간으로 내 마음속에 오래 남을 것이다.

어울리지 않는 색이란 없다고 나는 마음을 다잡았다. 하느님께 물어보면 안다. 하느님의 피조물은 아름답고 생생한 색깔들이 어우러져 있다. 어느 색이든 마음을 빼앗길 정도로 아름답다. 그래서 나는 아이들에게 어울리든 아니든, 밝은 색이 선명한 옷을 입히기로 했다. 그리고 더 중요하게는 내면의 아름다움이 가장 중요하다고 되새겼다.

아름답게 보여야 한다는 압박감은 어린 시절 시작된다. 엄마로서 나는 가장 중요한 것은 겉으로 보이는 모습이 아니라 안에 있음을 아이들이 분명히 알기를 원한다. 그래서 다음번에 조단이 보라색 셔츠와 초록 체크 반바지를 입고, 배트맨 망토를 어깨에 두르고, 양말을 짝짝이로 신고, 눈 올 때 신는 장화를 신고 나타났을 때, 나는 그냥 아이의 손을 잡고 말했다. "가자."

삶에 대한 건전한 시각을 가짐으로써 우리는 무엇이 중요하고 무엇이 중요하지 않은지 인식할 수 있게 된다. 모성센스가 훌륭한 엄마는 건전한 시각을 갖게 되고, 자신만의 큰 그림에서 무엇이 진정 중요한지 마음에 새기게 된다.

 지금의 나를 큰 그림 안에서 보는 연습

뻔히 눈앞에서 벌어진 일이었다. 세 살 난 아들 에이제이가 육중한 선반 맨 위 칸의 공을 집으려고 손을 뻗자 선반이 아이 위로 쓰러졌다. 첫아이를 낳고 8년간 별별 일을 다 겪었지만,

뼈가 부러지다니. 그것도 동화 구연 시간에 이게 웬 날벼락인
지.

　8년 전, 처음 엄마가 되었을 때라면 아이를 응급실에 데려가
느냐 마느냐를 결정하기 위해 국무회의라도 소집할 기세로 법
석을 떨었겠지만, 지금의 나는 그저 친구에게 큰아이를 집에
데려다달라고 부탁한 다음 막내 에이제이를 데리고 병원으로
출발하는 게 전부였다. 모든 일이 어찌나 조용히 처리되었는
지 현실이 아닌 것처럼 느껴질 정도였다. 물론 아이는 계속 아
파했다. 그날은 쓰고 있던 기사 때문에 인터뷰가 네 건 잡혀 있
었다. 하지만 이건 더 중요한 일이었다.

　나는 침착하게 아들에게 청진기를 만져볼 수 있게 했고, 엑
스레이를 찍으러 가는 아이의 침대를 마법의 칙칙폭폭 기차로
변신시켰다. 아이가 자신의 엑스레이 사진을 볼 수 있게 했고,
어떻게 하면 의사나 간호사가 될 수 있는지 얘기해줄 정신도
있었다. 병원에서 준 작은 곰인형에 아이 것과 똑같은 팔걸이
를 만들어 달아주었다. 때맞춰 아이의 머리를 쓰다듬어줄 줄
도 알았고, 의사에게 언제 질문하고 언제 가만히 듣고 있어야
하는지도 알았다.

　갑자기 3년 반 전의 기억이 되살아났다. 그때의 나는 1킬로
그램이 조금 넘는 에이제이가 온몸에 튜브를 달고 플라스틱 상

자 안에 누워 있는 모습을 보며 기적이 일어나기를 바랐다. 작은 소리 하나에도 미칠 듯 예민해진 나는 의사가 올 때마다 질문 공세를 퍼부었다. 하지만 대답은 듣자마자 잊어버렸다. 에이제이는 신생아 집중 치료실에서 끔찍하고도 아름다운 46일을 보냈고, 나는 그 기간 동안 온통 아이에게만 매달려 있었다.

그랬던 에이제이가 다시 병원 침대에 누워 있다. 이번에는 침대의 크기가 커졌고, 아이는 그 와중에 환자복을 집에 가져가도 되냐고 물었다. 막내아이의 밝은 심성이 늘 나를 감동시킨다. 하지만 오늘은 나 자신에게도 감동했다. 빗장뼈 골절 정도는 대수롭지 않게 넘기며, 아픈 아이 앞에서 의연한 모습을 보였기 때문이다. 갓 태어났을 때는 내 손목보다도 작았을 그 빗장뼈가 잘 자라주었기 때문인지도 모른다.

에이제이가 갓 태어났을 때의 기억, 신용카드만 한 기저귀를 차고 작은 몸 여기저기에 산소 튜브를 달고 있던 그 모습이, 나로 하여금 엄마로서 큰 그림을 보게 해주었다. 우리가 이제껏 얼마나 잘 해왔는지, 특히 내 자신이 얼마나 잘 해왔는지 깨닫게 된 것이다.

수잔, 세 아이의 엄마

모성센스가 이끄는 느긋한 육아

엄마를 오류에
빠지게 하는 것들

소위 '엄마들의 전쟁'에 관한 얘길 들을 때마다 정말 안타깝다. 모유수유 대 분유, 전업 맘 대 직장 맘, 일반 학교 대 홈스쿨링, 천 기저귀 대 종이 기저귀 같은 문제로 엄마들이 대립하는 상황들 말이다. 하지만 소위 '전쟁'이라는 이런 대립 상황은 단순한 의견 차이를 분열로 과장하여 극적인 효과를 보려는 언론의 이해 문제와도 무관하지 않다. 엄마들과 실제로 이야기해보면 심각한 적대적인 상황은 존재하지 않는다.

내가 만난 엄마들은 대개 매우 이성적인 사람들이었고 다른 엄마들에 대해 유대감을 갖고 있었다. 양육에 있어서 차이가 있을 수 있음을 인정하지만, 아이를 다르게 키운다고 배척하거나 색안경을 끼고 보지 않는다. 대체 어디에서 엄마들이 전쟁을 한단 말인가? 이런 말도 안 되는 주장은 무시하고, 엄마들이 함께 나눌 수 있는 것들에 집중하고 견해가 다른 이들과 친구가 되어 우리의 세계를 넓혀보자. 어쩌면 삶을 대하는 시각이 달라질지도 모른다. 세상을 향해, 언론이 억지로 짜놓은 상황극과 달리 우리가 얼마나 성숙한 사람들인지 보여주자.

내 생각에 정말 심각한 갈등은 이런 차이들이 개인적인 차원에서 드러날 때 벌어진다. 우리는 종종 모성센스의 오류에 빠지고 만다. 예를 들면 이런 상황이다.

비교 • 여자들은 자신을 타인과 비교하는 경향이 있는데 비교는 당장 그만두는 것이 좋다. 엘리노어 루즈벨트의 말을 되새겨보자. "스스로 동의하지 않는 한, 아무도 우리를 불안하게 만들 수 없다."

섣부른 판단 • 사이카이어트라이즈(psychiatryze: '정신의학'을 뜻하는 psychiatry와 '분석하다'라는 뜻의 analyze를 합친 단어 - 옮긴이). 이 말은 스물한 살 난 내 조카가 어딘가에서 보고 페이스북에 올려놓은 단어다. 조카는 이 단어를 "섣부르게 타인을 심리학적으로 분석하고 진단하는 것"이라고 정의했다. 무슨 말인지 절절히 와닿았다. 나 역시 사람들을 성급하게 판단해왔고, 다른 이들도 나에 대해 그랬을 것이다. 우리는 다른 사람들을 완벽하게 파악했다고 여기지만 많은 경우 잘못된 판단이다. 사람들을 편견 없이 대하자. 우리는 서로 베풀 것이 너무 많다.

분주함 • 바쁘다는 말과 중요하다는 말은 동의어라는 착각에 빠지기 쉽다. 또 모든 사람이 나만큼 바쁘고, 나만큼 열심히 일해야 한다고 생각하기 쉽다. 누구나 자신의 시간표를 짜고, 얼마나 열심히 일할지 결정할 자유가 있다. 저마다 한계를 느끼

모성센스가 이끄는 느긋한 육아

는 지점이 다르기 마련이니 타인의 기준을 존중하자.

강요 ● 사람들은 간혹 천연음식만 먹어야 한다거나, 천 기저귀만 사용해야 한다거나, 여자아이에게 바비인형을 갖고 놀게 하면 안 된다거나 하는 원칙들에 매달리곤 한다. 각자 자신만의 원칙을 갖는 것은 좋지만, 자신이 옳다고 믿는 바를 다른 사람에게도 강요하려 든다면 문제가 생긴다. 자신이 믿는 대로 지켜나가되, 겸손과 품위를 잃지 말고 다름을 인정하자.

 무언가를 선택해야 할 때 필요한 '기준'

첫아이를 어떤 유치원에 보낼지가 나에게는 엄청난 스트레스였다. 나는 올바른 선택으로 내 아들을 '최고' 유치원에 보내야 한다는 압박에 시달렸다. 여러 유치원을 둘러보고 프로그램을 비교하면서 완벽한 유치원을 찾겠다는 의지는 점점 도를 넘어섰다. 우선 대학에서 운영하는 집 근처의 유치원이 마음에 들었다. 학급당 인원도 적고, 새로 지은 건물도 마음에 들고, 아이들에게 도움이 되는 활동들과 수준 높은 커리큘럼도 좋아 보였다. 일단 '고품격' 유치원을 보고 나니, 다른 유치원들은 눈에 들어오지 않았다.

하지만 현실로 눈을 돌린 나는 세 살짜리 아이가 다닐 유치원에 대학 등록금과 맞먹는 비용을 지불하는 것은 지나치다는 점을 깨달았다. 유치원 비용을 대느라 다시 일을 해야 된다니 말도 안 된다고 생각했다. 유치원이 무슨 하버드 대학이냐고!

집 근처 유치원의 교육 프로그램과 그곳에 오는 아이들과의 교류로부터 내 아들이 얻는 것도 물론 많겠지만, 아이를 유치원에 보내는 주된 이유는 이웃에 사는 다른 가족들과 만나고 외향적인 아들이 친구를 만나게 해주기 위해서였다. 집에서도 몸을 움직이는 놀이를 많이 하고 있었고, 아직 어린아이에게 학습은 중요하지 않았다.

여러 가지 조건들을 고려해본 후, 나는 우리 동네 교회 지하에서 운영되는 '부모 참여 유치원'에 보내기로 결정했다. 세련된 교실은 아니었지만 가족이 참여하는(비용도 합리적인) 프로그램이기 때문에 사람들과 실제로 어울릴 수 있을 것 같았다.

되돌아보니 유치원에 보냄으로써 무엇을 얻고자 하는지 하나하나 천천히 짚어본 것이 좋은 선택을 하는 데 도움이 되었고, 그 결과 유치원비 때문에 돈에 허덕이는 우스운 꼴도 면할 수 있었다.

칼라, 두 아이의 엄마

 **How to…**

▸ 다른 엄마들이 나에게 비판적이라고 느끼는가, 아니면 포용적이라고 느끼는가?

▸ 나에게 가장 중요한 문제는 무엇인가?

▸ 큰 그림을 보는 데 방해가 되는 세 가지를 적어보자.

▸ **도전해볼 것.** 나와 다른 견해를 가진 엄마를 찾아 어울려본다. 그리고 그 엄마와 내가 공감할 수 있는 부분을 찾아 함께 즐겨본다.

가정에서 어떻게 자신을 통제할 수 있을까?

자신을 통제하기 힘든 상황이라고 생각하면 엄마를 포함해 가족들이 모두 각자 방으로 들어간다. 주의를 환기하고, 다른 사람이 내게 해주기를 바라는 대로 다른 사람을 대하는 데 도움이 된다. 나는 아들들에게 화를 낼 수도 있다고 말한다. 하지만 화를 표현하는 방식은 그 사람의 성숙도와 자제력의 척도가 된다고 말해준다.

– 킴, 두 아이의 엄마

자제가 안 될 경우, 나는 언제나 아이들에게 솔직히 인정하고 사과도 한다. 그리고 아이들에게 우리는 모두 인간이고, 그래서 때때로 잘못을 저지른다는 사실을 일깨워준다.

– 다이애나, 두 아이의 엄마

나는 지나친 스트레스가 아이들 앞에서 자제력을 잃게 되는 원인 중 하나라고 생각한다. 혼자 아이를 키우건, 배우자가 있건, 적어도 일주일에 한 번은 내가 원하는 것을 해서 머릿속을 깨끗이 비워야 한다. 그렇게 조금씩 스트레스를 풀 수 있다.

– 토니, 두 아이의 엄마

자제력이 최고에 달하는 순간은, 스스로 포기하지 않고 실수했을 때에도 너무 좌절하지 않고 경험에서 교훈을 얻어 앞으로 나아가고자 하는 의지를 잃지 않을 때이다.

– 에이프릴, 세 아이의 엄마

chapter 10

•

나를
자제하는 방법

내 인생에서 초콜릿이라는 말과 자제력이라는 말이 맞붙으면 대개 초콜릿이 이긴다. 초콜릿, 초콜릿 칩 쿠키, 초콜릿 브라우니, 초콜릿 캔디 바, 그리고 특히 뉴텔라. (뉴텔라가 뭐지 하고 묻는 사람들을 위해, 뉴텔라는 헤이즐넛 향이 나는 초콜릿 스프레드로 어디에 발라 먹어도 맛이 기가 막히다. 얼마 전 배낭여행 중에도 뉴텔라를 온갖 음식에 발라 먹었다. 일행 중 한 사람은 뉴텔라를 베이글 위에 두껍게 바르고 체다 치즈를 뿌린 뒤 살라미를 얹어 먹었다.)

집 안 어딘가에 뉴텔라가 있으면 마치 손과 스푼을 끌어당기는 자석이 있는 것 같다. 찬장 안에서 뉴텔라가 나를 부른다. 잠시 혼미해졌던 정신을 가다듬어보면 어느새 스푼을 물에 한 번 씻은 뒤 식기 세척기에 감추고 있다. 마지막 남은 뉴텔라를 엄마가 먹었다는 증거를 인멸하려는 의도다.

나?

초콜릿 + 자제력 = 초콜릿 흡입

나는 자제력을 시험한다는 구실로 자꾸만 뉴텔라를 산다. 그러면서 좋은 부모가 되기 위해 자제력은 꼭 필요한 자질이라고 믿게 됐다. 왜? 나의 태도, 움직임, 행동을 스스로 제어하는 능력은 어른이건 아이건 살아가는 데 꼭 필요한 기술이기 때문이다.

『내 아이를 위한 일곱 가지 인생 기술』의 저자 엘렌 갤린스키는 자제력, 저자 자신이 사용하는 용어로는 '억제 조절'이 일곱 가지 중요한 인생 기술 가운데 하나라고 주장한다. 저자는 이를 어떤 것을 하고자 하는 강력한 욕구를 억제하고, 대신 가장 적절한 다른 일을 하는 능력이라고 정의한다. 예를 들면 이런 것이다.

- 집중을 방해하는 전화벨 소리, 건조기 소리를 무시하고, 아이가 하는 말에 귀 기울여 집중한다.
- 아이가 혼자 신발 끈을 매도록 훈련을 시키기 위해 벨크로가

달린 신발은 사지 않는다.

· 아이가 식탁에 우유를 엎지른 것을 보고 짜증이 난 상태에서 당장 튀어나오려는 말을 참고, 대신 긍정적인 단어들을 가려서 말한다.

· 주변 사람 모두가 맛있는 음식을 즐기고 있지만, 나는 체중을 줄여야 하니 디저트를 먹지 않기로 한다.

· 매일 하지 않으면 안 되는 허드렛일이 지겹고 하고 싶은 다른 일이 있더라도 참는다. 식료품을 제자리에 두고, 세척기에서 그릇을 꺼내고, 아이가 좋아하는 게임도 함께 한다.

저자는 또한 이렇게 얘기했다.

때때로, 집중과 자기 통제가 어렵다고 느껴지면, 수십 년의 연습과 경험도 없는 우리 아이들에게는 얼마나 어려울지 상상해보자. 자기 억제는 어려운 기술이지만, 어쩌면 쉽지 않기 때문에 그만큼 중요한지도 모른다. 한편, 자신을 억제하는 능력을 키우는 것은 근육을 단련하는 것과도 유사하다. 더 많이 훈련할수록 더욱 강해진다. 그러니 아이들에게는 언제나 더 좋아질 수 있다는 희망이 있다. 어른들도 마찬가지다!

나는 내 손가락이 아이의 살을 파고들 정도로 딸의 팔을 거칠게 잡고 무섭게 딸의 얼굴을 노려보았다. 아이의 눈이 커졌다. 아이의 정신은 온통 나의 불같은 반응에 쏠렸다. 머리는 온통 분노로 가득해서 하마터면 도를 넘으려고 하고 있다는 머릿속 작은 경고의 목소리를 놓칠 뻔했다. 아이를 소파에 던져버리려던 행동을 멈추고 대신 아이를 거칠게 눌러 앉힌 나는 한 발짝 물러섰다.

"엄마는 혼자 생각할 시간이 필요해." 이를 악물고 있어서 말을 하기도 힘들었다. "움직이지 말고 여기 가만히 있어."

그때, 매디의 얼굴에 떠오른 표정, 충격과 공포만이 가득한 그 표정을 결코 잊을 수 없을 것이다.

나는 안전한 내 방으로 자리를 피해 엉엉 울었다. 화가 나서 아이에게 손을 댔다는 속상함, 작고 약한 아이의 눈에 떠오른 공포의 표정 때문에 울었지만, 그보다 더 나를 오열하게 만든 것은 크나큰 안도감이었다. 그때 멈추지 않았더라면 어떻게 됐을까? 거의 자제력을 잃을 뻔한 아찔한 순간도 있었다. 아주 짧은 순간이지만, 엄마도 자신의 아이를 해칠 수 있음을 깨닫기도 했다. 하지만 나는 멈출 수 있었다. 내 안에서 들린 경고의 목소리가 아주 작긴 했지만, 그래도 놓치지 않았다. 그 목소리를 듣자마자 모든 것이 분명해졌다. 스스로 분노를 조절할 수 없다는 것을 알았을 때부터, 내가 그토록 얻고자 노력하고 기도해왔던 순간이었다. 나는 통제 불가능한 엄마가 되기 싫었다. 분노에 눈이 멀어 자제력을 잃은 엄마가 아니라 자신을 다스릴 수 있는 엄마가 되고 싶었다. 그리고 마침내 해냈다. 완벽하지는 않았지만, 드디어 내 마음의 소리가 들렸고 위기의 순간 내가 원하던 모습의 엄마가 될 수 있었다.

눈물이 가시고 나자, 나는 얼굴을 닦고 마음을 다잡았다. 이제 네 살짜리 딸에게 사과하러 가야 했다. 딸은 내가 앉혀둔 자리에 그대로 앉아 있었다. 아이 앞에 무릎을 꿇자 다시금 눈물이 솟았다.

"우리 딸, 엄마가 너무 화내서 미안해. 괜찮니?" 아이는 고개를 끄덕였다. "무섭게 해서 미안해. 엄마 용서해줄래?" 포동포동한 팔이 내 목을 꼭 감싸 안았다. "사랑해요, 엄마!" 매디는 나를 꼭 안아주었고, 나도 힘껏 아이를 안았다. 그날 깨달았던 것을 결코 잊지 않을 것이다. 나는 내 마음속으로 추구하는 엄마의 모습에 더 가까워질 수 있다. 완벽한 엄마는 아니지만, 경험을 통해 배우는 엄마가 될 수 있다. 결코 나 혼자 이룰 수 있

내 안의 모성센스 연습

는 목표가 아님을 하느님도 아시고 도와주실 것이다.

멜리사, 세 아이의 엄마

우리 솔직해지자. 엄마라면 누구나 자제력을 잃어버린 순간을 경험했을 것이다. 어쩌면 자신의 아이를 해칠 뻔했다는 생각에 아찔했던 순간도 있었을 것이다. 감정이 이끄는 대로가 아니라 끊임없이 자신을 통제하고 올바른 행동을 선택하는 연습은 우리의 모성 센스의 자연스러운 일부다.

왜 아이들은
자제력을 배워야 하는가

빠르게 돌아가는 사회에서 자제력은 더 이상 아이들이 꼭 배워야 할 덕목이 아니다. 요즘 아이들은 대개 원하는 것을 금방 얻는다. 자제력은 부모가 의식적으로 아이에게 심어주어야 하는 것이 되었고, 성장하면서 여러 가지 성공과 개인적 만족을 가져다주는 기술이 되었다.

엘렌 갤린스키는 유명한 마시멜로 실험을 소개한 바 있다. 1960 년대에 스탠포드 대학의 월터 미셸이 실시한 이 실험은 아이들이 욕구를 억제하고, 욕구의 충족을 뒤로 미루는 능력을 테스트하는 고전적인 방식이 되었다. 다시 말해 이 테스트는 아이들로 하여금 자제력을 발휘하게 만든다.

실험에 참여한 4세 아동들은 각자 방으로 안내되는데, 방마다 특수처리된 유리창을 통해 연구자들이 아이들의 행동을 관찰하지만 아이들은 연구자들을 볼 수 없다. 방 한쪽에는 마시멜로 한 개가 놓인 접시가, 다른 쪽에는 두 개가 놓인 접시가 아이에게 보이도록 놓여 있고, 아이 옆에는 벨이 있다. 실험의 목표는 아이들이 선택을 해야 하는 상황을 만드는 것이다. 연구자는 아이들에게 지금 마시멜로 한 개를 먹을 것인지, 아니면 기다렸다가 두 개를 먹을 것인지를 묻는다. 대부분의 아이들은 두 개를 먹겠다고 한다. 그러면 연구자는 아이들에게 이제부터 하게 될 게임의 규칙을 설명해준다. 아이들에게 연구자들이 방을 나갈 것이고, 만약 연구자들이 방으로 돌아올 때까지 마시멜로를 먹지 않고 기다리면, 마시멜로 두 개를 먹을 수 있다고 말한다. 연구자들이 오기 전에 마시멜로를 먹고 싶으면 벨을 눌러 즉시 연구자들을 부를 수 있지만, 그러면 마시멜로를 하나밖에 먹지 못한다고 알렸다.

실험에서 몇몇 아이들은 15분이나 버텼다. 아이들은 마시멜로를 먹지 않기 위해 다양한 방식으로 욕구를 억제했다. 어떤 아이는 마시멜로가 보이지 않게 뒤돌아 앉아 있었고, 어떤 아이들은 혀를 내밀었지만 마시멜로를 핥지는 않았다. 어떤 아이들은 주의를 돌리기 위해 노래를 불렀고, 어떤 아이들은 "안 돼"라고 말하듯 머리를 흔들었다.

미셸은 욕구충족을 미루는 데 가장 성공적이었던 아이들은 마시멜로에 집중하지 않고 다른 것을 하거나, 다른 물건을 보면서 주의를 돌린 아이들이라고 말했다.

그런데 재미있는 것은 이제부터다. 몇 년 후, 미셸은 1968년 마시멜로 실험에 참가한 아이들을 추적해보았다. 그 결과 마시멜로를 먹지 않고 오래 버틴 아이들이 학업에서나 개인적인 삶에서 높은 성취도를 보였다. SAT에서 높은 성적을 받았고, 학업 및 다른 목표를 추구하는 데 있어서도 더 좋은 결과를 얻었으며, 약물에 의존하는 경우가 적었고, 자존감 및 자기평가가 높았으며, 대인관계에서도 높은 성취도를 보였다. 책을 쓰기 위해 해당 연구 결과를 수집하고, 연구자들을 인터뷰한 갤린스키는 이렇게 썼다.

미셸은 학교와 가정에서 이런 능력을 북돋아주어야 한다고 믿는다. 왜냐하면 자제력은 아이들로 하여금 중요한 목표를 추구하는 데 지장을 주지 않으면서, 좌절과 스트레스를 관리할 수 있도록 도와주기 때문이다. 집중과 자기 통제가 중요한 개인적 목표를 추구하는 데 언제나 득이 된다는 점을 잊지 말아야 한다.

집에서 마시멜로 테스트를 해볼 생각이라면 절대로 아이들의 미래를 예측하는 용도로 테스트 결과를 사용해서는 안 된다. 여기서 중요한 포인트는 부모들이 지속적으로 아이들의 자제력을 시험하고, 훈련시켜야 한다는 점이다.

창의력을 발휘해서 마시멜로를 더 많이 준비해놓고, 아이들과 함께 즐겨보자. 실수를 허용하고 포기하지 말자. 자제력을 실천하는 노력을 해보고 그러한 실천을 생활화하면서 우리의 모성센스를 드높여보자.

✏️ **How to…**

▸ 아주 못함에서 뛰어남까지 1점에서 10점으로 점수를 매긴다면 나의 자제력은 몇 점일까?

▸ 내가 훌륭하게 스스로를 통제할 수 있는 분야와 자제하려면 노력이 필요한 분야를 두 가지씩 적어보자.

▸ 자제력을 높이기 위해 오늘 당장 할 수 있는 일을 한 가지 적어보자.

▸ 아이의 자제력을 높이기 위해 오늘 당장 할 수 있는 일을 한 가지 적어보자.

마음을 진정시키기 위해 무엇을 하는가?

무조건 짐을 싸서 집을 나온다. 머릿속이 혼란스러울 때는 친구에게 전화를 건다. 나가서 누군가와 뭔가를 함께한다.

             – 니콜, 한 아이의 엄마

나는 스스로에게 하루 종일 소파에 누워 빈둥거릴 자유를 준다. 정신 건강을 위한 날이라고나 할까? 아무것도 안 하고 빈둥 거릴 수 있는 정신적 자유를 준다.

             – 재크, 두 아이의 엄마

목욕을 좋아한다. 물 흐르는 소리를 듣고 있으면 왠지 머릿속이 텅 비고 긴장이 풀어진다.

             – 미셸, 두 아이의 엄마

체육관에 간다.

             – 엘리자베스, 세 아이의 엄마

스트레스가 너무 심할 때는 눈을 감고 내가 젖은 수건이 되었다고 상상한다. 어떤 커다란 손이 나를 비틀어 짜는 모습을 상상하면 수건에서 물이 흐르듯 내 몸에서 스트레스가 빠져나가는 것 같다. 이상하게 들릴지도 모르지만, 이렇게 머릿속에 떠올리기만 해도 마음이 차분해진다.

             – 마리, 세 아이의 엄마

chapter 11

지금 당장이라고
소리치고 싶지만

온통 난장판

  엄마의 삶을 표현하는 두 단어다. 아이들은 난장판을 만든다. 그냥 애들이라서 그렇다. 조시의 네 번째 생일 파티는 평생 잊을 수가 없다. 말도 안 되는 이유로 우리는 점핑파티를 하기로 했다. 말 그대로 '점핑', 마구 뛰는 것이 파티의 테마였다. 네 살짜리 꼬마 십여 명이 온 집 안과 정원에서 뛰어다녔다. 우리는 온갖 뛰기 놀이를 생각해냈고, 아이들에게 설탕이 잔뜩 든 간식을 주었다. 아마도 평소에 겪는 난리법석만으로 부족했나 보다. 미친 짓이었다는 건 안다.

게다가 조던은 두 살이었는데 뭐든 형을 따라 했고, 막내 제이크는 아직 뱃속에 있었다. 나는 임신 7개월의 임산부였다. 파티에는 내 친구들도 불렀다. 물론 아이들도 따라왔다. 설탕이 잔뜩 든 끈적끈적한 음식, 네 살짜리 아이들, 자기들끼리 노느라 바쁜 어른들, 임산부가 어우러진 대혼란이었다.

집 안을 둘러보는 것만으로 머리가 돌 지경이었다. 입가에 보라색 케이크 크림을 묻힌 아이들이 여기저기서 폴짝폴짝 뛰고, 끈적끈적한 손으로 벽이며, 커튼이며, 쿠션이며, 문고리를 만졌다. 남자애 하나가 내 앞을 지나 부엌으로 가는 계단을 오르다가 넘어져 들고 있던 종이 접시가 바닥에 엎어졌다. 설탕 장식을 얹은 케이크, 녹은 아이스크림이 바닥에 쏟아졌다. 아이는 다른 손에 들고 있던 주스 컵을 어떻게든 붙잡으려고 했지만, 중심을 잡으려 애쓰는 동안 주스가 흘러 바닥에 이미 쏟아진 음식들과 뒤범벅이 되었다.

물론 이 모든 상황을 나 말고는 아무도 눈치채지 못했다. 나는 비명을 지르고 싶었다. 하지만 소리를 지르는 대신 가까이 있던 화장실로 들어가 심호흡을 했다. 마치 파티용 풍선이 된 기분이었다. 터질 것처럼 공기가 가득 차 있었다. 폐에 가득한 공기를 빼내어 압력을 낮추자 조금 진정이 되었다. 몇 번 심호흡을 하니 심장 박동과 호흡이 느려지고, 머릿속도 차분해졌다. 단순한 동작이 정신없는 상황에서 스트레스를 가라앉히는 데 도움이 되었다.

모성센스가 이끄는 느긋한 육아

인간이 숨을 들이쉬고 내뱉는 행동은 이런 효과가 있다. 호흡은 기적을 일으킨다. 숨을 쉬어서 우리는 생명을 얻는다. 나는 두려울 때, 걱정될 때, 불안할 때, 기타 여러 가지 부정적 감정에 사로잡혔을 때에는 호흡이 불안정해진다는 점을 깨달았다. 하지만 마음이 평안하면 호흡도 편안해진다. 그래서 나는 불안하고, 스트레스가 쌓이고, 공포가 밀려오면 즉시 모든 일을 멈추고 호흡을 한다. 일단 진정이 되고 나면, 평정심을 잃을 것 같을 때마다 침착해지기 위해 내가 해야만 하는 다음 동작들을 취한다.

내가 이야기해본 엄마들 중 다수는 평온을 아이들이 다투지 않을 때, 고요하고 적막한 순간, 스트레스가 전혀 없는 평화로운 날이라고 말했다. 생각만 해도 좋지만, 엄마의 삶에서는 거의 누릴 수 없는 순간이다. 항상 아기에게 젖을 먹이고, 기저귀를 갈고, 큰애를 유치원에 데려갔다 데려오고, 아이가 좋아하는 장난감을 잃어버리고, 쇼핑몰에서 떼쓰는 아이를 달래고, 직장에서 일에 치이고, 차가 고장 나고, 개를 산책 시키고, 도마뱀 먹이를 주는 등 오만가지 사건 사고의 연속이다. 엄마의 세계는 결코 조용해질 날이 없다. 여기서 말하는 평온이란 주변이 혼란한 가운데 얻는 마음의 평화다.

며칠 전, 나는 우리 집 현관 처마에 자리 잡은 새둥지를 바라보고 있었다. 둥지에는 아기 새 몇 마리가 있었는데, 아기 새들은 둥지 위로 작은 머리를 내밀고 있었고 그 곁에는 어미 새가 바싹 붙어 앉아 있었다. 바깥은 콜로라도 주의 봄에 흔히 찾아오는 천둥을 동반한 비바람이 몰아치고 있었다. 하늘은 온통 암회색이고, 쏟아지는 비는 금방이라도 골프공만 한 우박으로 바뀔 것 같았다. 귀가 멍멍해질 정도로 요란한 천둥소리에 집이 흔들리고, 하늘에서는 수시로 번갯불이 번쩍였다.

어미 새를 지켜보던 나는 크게 감명을 받았다. 어미 새는 아기 새들 옆에서 꼼짝 않고 자리를 지켰다. 우리 집 황색 래브라도 리트리버가 천둥소리에 놀라 짖다가 식탁 밑에 납작 엎드렸다가 갈팡질팡하는 사이에도 어미 새는 전혀 동요하지 않았다. 어미 새의 모습은 내가 원하는 평온한 엄마의 모습 그 자체였다. 주위에 아무리 엄청난 폭풍우가 몰아치더라도 내적 평온함, 고요한 영혼을 잃지 않는 엄마.

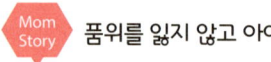

품위를 잃지 않고 아이 다루기

내가 정말 좋아하는 영화 중에 가족 행사를 완벽하게 치르려고 애쓰는 어느 아버지에 관한 이야기가 있다. 극중 아버지의 의도와는 달리 상황은 자꾸 꼬이기만 한다. 예상치 못한 손님들이 들이닥치고, 집은 망가지고, 의미 있는 행사로 만들고자 했던 아버지의 기대는 무너지고 만다. 뻔한 이야기지만, 결국 아버지는 가족들이 보는 앞에서 울분을 토한다. 아버지는 이제 더 이상 나빠질 것도 없다고 넋두리를 한다.

이 장면을 볼 때마다 나는 나도 모르게 박장대소한다. 내가 감정의 끈을 놓으려 할 때마다, 두 살짜리 작은놈 둘은 빽빽 소리를 지르며 내 다리에 매달리고, 옆방에서는 큰놈 둘이 싸움질을 해대는 가운데 저녁을 준비하려고 허둥댈 때마다 어느 순간 영화 속 그 장면이 내 머릿속에 재연된다.

여섯 살, 세 살, 두 살, 그리고 또 두 살, 이렇게 아이들 넷을 키우는 내 삶은 평화로운 장면과는 거리가 멀다. 차분하게 아이들과 좋은 시간을 가지려던 마음도, "엄마, 엘라가 나더러 똥이래!"라는 한마디에 연기가 되어 날아가버린다. 서로 자기 좀 봐달라는 네 아이들의 아우성에 내가 무슨 생각을 하는지조차 모를 때가 있다.

혼자 있기를 갈망하고, 많은 사람들과 떠들썩하게 어울리는 것보다 가까운 사람들과의 조용한 만남을 선호하던 내가 엄마로서의 삶에 나를 맞춰가기란 쉽지 않았다. 아이들이 일으키는 소란을 감당하기 어렵지만, 그래도 품위 있고 지혜롭게 대처하고 싶은 것이 내 마음속 깊은 바람이다. 하지만 당장 소리라도 지르고 싶은 마음뿐인데 어떻게 평정심을 유지하란 말인가?

그래서 나는 몇 가지 방법을 생각해냈다. 무법천지가 되어버린 차 안에서는 클래식 음악 방송이 큰 도움이 된다. 밖에 나가서 걷거나, 놀이터에 가는 것도 생각보다 에너지 소모 효과가 크다. 심호흡 한번 크게 하고 언성을 낮춰 부드럽게 말하다 보면 무차별적으로 쏟아지는 아이들의 요구도 대부분 감당할 수 있다. 하루에 잠깐씩이라도 조용한 시간을 갖는 것이 아이들 뿐 아니라 나의 몸을 치유하는 효과가 있다.

나는 이런 작은 노력들로부터 시작한다. 물론 그래도 여전히 소리 지르고, 발도 구르고, 가족들이 다 있는 데서 감정을 쏟아내고 스스로 놀라곤 한다. 하지만 정신없는 상황에서 내가 감당할 수 있는 용량이 계속 늘어나고 있고, 품위를 잃지 않고 아이들을 다루는 능력도 점점 좋아지고 있다. 고함지르는 대신 타이르고, 짜증내는 대신 참아주고, 밀어내는 대신 안아주는 내 자신을 발견할 때마다 나는 작은 승리를 자축한다.

톨리, 네 아이의 엄마

자, 이제 평정심을 잃지 않는 의연한 엄마가 되기 위한 방법들을 알려주겠다.

호흡하기 • 톨리도 권하듯이, 하려던 말이나 행동을 잠시 미루고 호흡을 하자. 일단 마음을 가라앉히고 나서, 그다음에 하려던 일로 넘어가자.

우선순위 정하기 • 우리는 대부분 바쁘고 정신없이 생활한다. 가정의 평화를 지키는 가장 확실한 방법은 불필요한 소동을 미연에 방지하는 것이다. 귀여운 아이들을 축구, 야구, 피아노, 만들기, 수영, 스페인어 수업에 넣고, 놀이 그룹을 짜느라 엄마들은 심리적 공황상태를 자초한다.

자식들을 능력자로 키우고자 하는 욕망이 가족 모두를 힘들게 만든다. 너무 주관적인 의견인지 모르지만, 나는 진심으로 우리 사회의 많은 문제점들이 아이들을 지나치게 많은 과외활동으로 내모는 경향과 무관하지 않다고 믿는다. 부모라면 아이들에게 되도록 좋은 체험을 많이 하게 해주고 싶어 한다. 그런데 좋은 체험에는 동네 여기저기를 뛰어다니며 지칠 때까지 깡통차기 놀이를 하고, 뒷마당에서 벌레를 잡는 시간도 분명 포함되어야 한다. 이성을 되찾자. 잠시 숨을 고르고, 아이들을 아이들답게 키우자.

원하는 것만 고르자 • 모든 것을 다하려고 애쓸 필요 없다. 내 친구는 어느 날 고양이가 아파서 수의사에게 데리고 갔던 이야기를 해주었다. 친구는 임신 8개월이었고 겨우 걸음마를 하는 세 살짜리 아이를 데리고 있었다. 수의사는 고양이를 진찰하더니 특별한 문제는 없다고 하면서도, 다만 고양이 이빨이 그다지 건강해 보이지 않는다며 내친김에 고양이 이빨 닦는 법을 친구에게 가르쳐주려고 했다.

부스스한 매무새에 배는 산처럼 부르고 다리에는 세 살짜리 아이를 매달고 팔에 고양이를 안은 채 서 있던 내 친구는 수의사를 바라보며, 비명을 지를까 뺨을 한 대 쳐줄까 잠시 생각하다가 이를 바드득 갈며 이렇게 말했다. "절 좀 보고 얘기하시죠. 제가 지금 고양이 이빨이나 닦아줄 만큼 한가해 보이세요?" 수의사는 한풀 꺾여서 현실을 인정했다. "아뇨, 힘드시겠네요. 신경 쓰지 마세요. 별 탈 없을 거예요." 정말 고양이 이빨을 닦아주는 사람들도 있을까? 모든 고양이 주인들이 그렇게까지 할 필요는 없는 것이다.

하던 일을 멈추고 호흡하고, 우선순위를 정했으면 이제 기도하고 믿어보자.

기도 • 어찌할 바를 모를 때, 나는 내가 할 수 있는 일을 한다. 내가 언제든 할 수 있는 일은 기도다. 기도를 함으로써 점점 더 평온해진다. 기도를 할 때면 나는 내 마음, 내가 겪는 스트레스, 주변 상황에 대해 하느님과 소통하고, 그러다 보면 종종 마음의 평화를 찾는다.

기도는 언제 어디서나 할 수 있다. 내 주변에서 어떤 일이 벌어지든, 나는 하느님이 내 이야기를 듣고 있음을 안다. 때때로 나는 모두들 아직 자고 있을 시간에 홀로 조용히 달콤한 기도의 시간을 갖기도 하고, 어떤 때는 간단한 문장 하나로 기도를 대신하기도 하고, 그도 안 되면, "도와주세요."로도 족하다.

믿음 • 나는 스쿠버 다이빙을 즐긴다. 처음 스쿠버 다이빙을 배울 때는 겁이 많이 났다. 수심 1킬로미터에서 깊게는 3킬로미터 물속에 내 몸을 가라앉히고 레귤레이터(호흡 조절기)로 숨을 쉰다는 생각만으로도 미칠 것 같았다.

모든 논리적 지식에 반하여 억지로, 부력 조절장치의 공기를 빼고 완전히 잠수해서 숨을 쉬어야 했다. 심장이 요동쳤다. 얇고 가쁜 숨을 쉬었다. 하지만 장비가 제 기능을 했다. 몇 분 후, 더 이상 무섭지 않았고, 깊고 천천히 산소를 들이마실 수 있게 되었다. 산소탱크의 공기가 내 폐를 채웠다. 내가 물속에서 숨을 쉬다니, 세상에 이럴 수가! 나는 겁에 질려서 "이건 불가능해!"라고 속삭이는 내 마음의 소리보다 스쿠버 다이빙 장비를 믿어야 했다. 내가 숨을 내쉬고 들이쉬는 소리를 들을 수 있었다. 그 소리 이외에는 고요했다. 주변으로 시선을 돌리자 너무나 아름다운 물고기, 산호, 조가비들이 눈에 들어왔다. 얼마 지나지 않아 마음이 편안

내 안의 모성센스 연습

해졌다.

하느님에 대한 믿음을 배우는 것은 스쿠버 다이빙과도 조금 비슷하다. 내 공포를 훨씬 더 큰 힘에 내맡겨야 했다. 엄마로서 그렇게 할 때, 그 어느 때보다도 평온해진다.

때로 마음속이 걷잡을 수 없을 때가 있다. 내 자신의 욕망과 회한들과 싸울 때다. 엄마가 된다는 것은 아름다운 일이지만, 때로 엄마로서의 삶은 기대하지 않은 모습을 띠기도 한다. 우리 안에 혼란이 지배할 때, 그때가 바로 믿음에 기대야 할 때다. 나만의 꼭 필요한 변화를 이루기만 하면, 또는 포용과 내적 평화를 찾기만 하면 혼란을 덜 느낄 것이다. 아니면 적어도 엄마들이 일상적으로 겪을 수밖에 없는 혼란에 더 잘 대처할 수 있을 것이다.

평온한 감정이 하루하루 겪는 스트레스에 잠식될 때, 우리는 평온이 단순한 감정 이상임을 깨달을 것이다. 그것은 정신을 차릴 수 없는 혼란 속에서 엄마가 가질 수 있는 내적인 영혼의 고요이다.

 **How to···**

▸ 마음을 차분하게 가라앉히기 위해 무엇을 하는가?

▶ 나에게 '평정'은 무엇을 의미하는가?

▶ 최근 마음의 평온을 잃어버린 경험을 말해보고, 그 순간 평온을 찾기 위해 어떻게 할 수 있었을지 이야기해보자.

▶ 혼란에 미리 대비해보자. 내적인 평온함을 높이기 위해 어떤 노력을 실천할 계획인가?

내 안의 모성센스 연습

Mom's Talk 아이를 키우면서 알게 된 최고의 기쁨은 무엇인가?

사랑. 이렇게 많은 사랑이 있음을 보고 느낄 수 있는 것이 놀랍다.

− 제시카, 세 아이의 엄마

새로운 것을 배우는 내 아이들의 모습.

− 켄드라, 세 아이의 엄마

내 아이들이 끝내주게 웃긴다는 사실.

− 캐서린, 두 아이의 엄마

아이의 눈을 통해 인생을 보는 그 자체.

− 수잔, 세 아이의 엄마

●

chapter 12

서로가
느끼는 기쁨

자, 다음의 질문에 대답해보자.

- 내가 마지막으로 소리 내어 웃은 것은 ＿＿＿＿＿＿＿
- 이제껏 본 중에 가장 웃긴 영화는 ＿＿＿＿＿＿＿
- 유머 감각이 좋은 사람은 ＿＿＿＿＿＿한 사람이다.
- 나는 하느님이 인간에게 유머 감각을 허락한 이유를 ＿＿＿＿
 ＿＿＿＿＿라고 생각한다.
- 아이가 부엌 바닥에 온통 밀가루를 쏟더니 밀가루를 묻혀서
 온 집 안에 손자국과 발자국을 남긴다면 나는

a. 비명을 지른다.

　　b. 별로 방에서 못 나오게 하고, 부엌을 치운다.

　　c. 카메라로 사진을 찍어서 당장 페이스북에 올린다.

　　d. 신발을 벗고 나도 아이와 함께 논다.

· 나는 유머 감각이 있다?

　　a. 그렇다, 왜냐하면 _____

　　b. 아이를 낳기 전에는 그랬다.(계속 이 책을 읽으면서 유머 감각
　　　을 재발견하자.)

　　c. 그렇지 않다.(그렇다면 당신의 유머 감각을 발견하고 싶지 않은
　　　가?)

　어느 날 아이들이 학교에서 돌아올 때까지 남는 시간을 보내기
위해 서점을 둘러보고 있었다. 그때 전화벨이 울렸다. 나는 가방에
서 전화기를 꺼내 받았다.

　"블래크머 씨인가요?" 여성의 목소리였다.

　"네, 그런데요." 내가 대답했다.

　"맨해튼 중학교의 교감 페르난데즈라고 합니다. 제이크에게 문
제가 생겨서 어머님하고 이야기를 하려고 전화드렸습니다. 제이크
한테 별 일이 생긴 건 아니고요. 제이크가 집에 돌아가면 어머님께
서 제이크와 이야기를 나눠보실 수 있도록 미리 상황을 설명하려고

전화드렸습니다."

"아, 예……. 무슨 일인가요?"

나는 교감선생님이 도대체 무슨 말을 할지 몰라 두려웠다. 하지만 '제이크는 좋은 아이야'라고 스스로를 안심시켰다. '말썽을 부릴 아이가 아니지. 중학생들에게 주는 '로터리 훌륭한 시민상'도 받았던 거 기억 안 나?' 하지만 엄마로서 나는 별별 일이 다 일어날 수 있다는 것과, 무슨 일이 벌어지든 받아들일 마음의 준비를 해야 한다는 것을 이미 경험으로 알고 있었다. 나는 크게 숨을 들이쉰 다음 무슨 말을 들어도 놀라지 않도록 단단히 각오했다.

교감선생님이 들려준 이야기는 이랬다.

그날 아침 제이크는 몇 달 만에 처음 입는 재킷을 꺼내 입고 통학버스를 탔다. 재킷 호주머니에는 아빠, 형들, 다른 남자 어른, 그 집 아들 둘과 함께 등산을 하다가 주운 상자가 들어 있었다. 등산을 한 날, 제이크는 뚜껑에 늑대가 그려진 근사해 보이는 상자를 발견했다. 제이크는 주운 상자를 버리지 않고 주머니에 넣었다. 집에 가져와서 자기 물건을 놓아두는 선반에 보관하고 싶었던 것이다. 제이크는 뭐든 모으는 것을 좋아했다. 돌멩이, 막대기, 사슴뿔, 동전, 조가비 등 온갖 것들을 다 주워다가 방에 진열해두곤 했다. 아마도 제이크는 이 일을 잊어버린 채 몇 달간 주머니에 그냥 두었던 모양이다.

문제의 그날은 날씨가 쌀쌀했기 때문에 제이크는 오랜만에 그 재킷을 찾아 입고 버스에 탔다. 그런데 어쩌다 보니 상자가 주머니에서 버스 바닥으로 떨어졌고, 제이크는 상자를 잃어버린 줄도 몰랐다. 아이들이 모두 내린 후, 버스 기사는 터미널로 돌아가 늘 하던 대로 아이들이 두고 내린 옷, 모자, 장갑, 도시락 같은 것이 없는지 버스 안을 살폈다. 버스 기사의 눈에 빈 상자가 띄었다. 공교롭게도 총에 대한 지식이 있었던 그 기사는 한 눈에 그 상자가 탄약 상자임을 알아챘다. 책임감 있는 통학버스 기사로서, 버스 안에서 빈 탄약 상자를 발견했을 때 할 수 있는 일은 한 가지뿐. 그는 경찰에 신고했다.

경찰서에서는 학교로 전화를 했고, 학교는 즉시 출입이 통제되었다. 경찰과 경찰견 들이 학교로 파견되었다. 모든 사물함을 수색하는 데 한두 시간이 소요되었다. 사물함에서 아무것도 발견하지 못한 경찰은 그 버스에 탔던 아이들을 모두 도서관으로 모이게 했다. 아이들은 한 명씩 독일 혈통의 경찰견이 지키는 가운데 경찰관 두 명과 면담을 해야 했다. 우선 경찰관들은 아이들의 몸을 수색했고, 그동안 경찰견은 냄새를 맡았다. 그런 다음 취조가 시작되었다. 아이들은 모두 겁을 먹었고 배도 몹시 고팠다. 조사가 점심시간에 시작되었고 문제가 해결될 때까지 아무도 점심을 먹으러 갈 수 없었다. 제이크의 차례가 되자 경찰들은 제이크에게 그날 아침 버스에서 상자를 본 적이 있냐고 물었다. 제이크는 처음에는 본 적 없다고

▪ **152** ▪
모성센스가 이끄는 느긋한 육아

대답했지만 갑자기 상자가 떠올랐다.

"아, 맞다. 제 겉옷 주머니에 상자가 있었어요. 그걸 잊고 있었네요."

"상자가 어떻게 생겼지?" 경찰관 한 명이 물었다.

"뚜껑에 늑대 그림이 있고……." 제이크는 상자의 생김새를 설명했다. 제이크에게 나쁜 의도가 없었고, 모든 상황은 우연한 사고에 불과했다는 것을 경찰관들도 납득했다. 경찰들은 제이크가 그 상자가 탄약 상자인지도 몰랐다는 점을 이해한다고 말했고 제이크가 곤란한 일을 겪지는 않을 거라고 했다. 수수께끼는 풀렸다. 학교는 다시 정상화되었고 아이들은 매우 늦었지만 점심을 먹을 수 있었고, 다들 평소처럼 버스로 귀가했다. 그게 다였다.

집에 돌아온 제이크는 한눈에 보기에도 아직 충격에서 벗어나지 못한 듯했다. 모든 아이들이 공포 속에 하루를 보냈는데, 비록 의도한 건 아니지만, 자신이 그 원인 제공자라는 걸 알고 있었기 때문이다. 제이크는 조시와 조던, 그리고 나에게 그날 일어난 일을 이야기해주었다.

"한 건 했네!"(좋은 쪽으로) 형들은 소리를 지르며 제이크와 하이파이브를 했다. 형들의 반응에 제이크의 기분이 한결 나아졌다.

우리는 출장 중이던 남편에게 전화를 했다. 나는 제이크가 아빠에게 그날 있었던 이야기를 되풀이하는 모습을 보았다. 아이의 얼굴에 미소가 번지는가 싶더니 소리 내 웃기 시작했다. 마음이 놓인 것 같았다. 웃음의 긍정적 효과였다.

"뭐가 그렇게 웃기니?" 나는 제이크가 전화를 끊고 나서 물었다.

"몇 시간 동안 학교가 문을 닫았다고 했더니 아빠가, '나는 어렸을 때 학교 문 한번 닫아보려고 별의별 짓을 다 해봤는데, 넌 힘 하나 안 들이고 해냈구나. 이거 좀 억울한데.'라고 하셨어요."

이로써 제이크는 웃을 수 있었고 그날의 충격에서 완전히 벗어난 것 같았다.

아이들이 안전하게 학교에 다닐 수 있는 세상에 살고 있다면 정말 좋겠지만, 현실은 그렇지 않다. 나는 내 아들이 어떤 아이인지, 그런 아들이 저지른 의도치 않은 실수가 아이에게 어떤 의미일지 안다. 그래서 그 아이가 겪은 일을 가족들과 웃으며 이야기함으로써 그날의 긴장에서 벗어날 수 있었다고 생각한다. 그렇게 함으로써 제이크는 자신과 자신이 모르고 야기한 상황에 대해 웃을 수 있게 되었다.

같은 상황이라도 반응은 여러 가지일 수 있다. 언짢은 기분으로 제이크를 더욱 속상하게 만들 수도 있었다. 제이크에게 주머니 속을 잘 확인하라고 훈계하고 꾸짖어 아이의 기분을 상하게 만들 수도 있었겠지만, 주어진 상황에서 웃음을 찾을 수도 있었다. 우리는 말도 안 되는 실수였음을 인정하고 아이의 마음의 짐을 덜어주었다. 일단 웃음을 되찾자 제이크의 태도가 눈에 띄게 달라졌다. 아이는 웃고 있었고 마음이 훨씬 가벼워진 듯했다.

Tip **웃는 것만으로도 이런 일들이!**

· 육체적으로

면역력을 향상시키고   스트레스 호르몬 분비를 낮추고
통증을 완화하고   근육을 이완시키고
심장병을 예방한다.

· 정신적으로

삶에 기쁨을 주고   불안감을 완화하고
공포를 경감시키고   스트레스를 약화시키고
기분을 호전시키고   회복력을 증강시킨다.

· 사회적으로

관계를 강화하고   사람을 끄는 매력을 갖게 하고
팀워크를 향상시키고   갈등을 해소하고
유대를 강화한다.

유머 감각은 엄마의 모성센스에서 없어서는 안 될 요소다. 언제 웃음으로 분위기를 가볍게 만들 수 있는지 아는 것은 어떤 상황에서든 놀라운 힘을 발휘한다. 유머 감각이 감정적, 육체적, 사회적으로 좋다는 것은 알고 있을 것이다. 부모가 아이들에게 유머 감각의 긍정적인 사례를 직접 보여준다면 아이들 역시 웃음이 주는 감정적, 육체적 혜택을 누리게 될 것이다.

 아이들은 언제나 세상에서 제일 웃긴 얘기를 한다

천천히 운전석에 몸을 앉히자, 튀어나온 배가 자동차 핸들을 스쳤다. 임신 8개월의 나는 너무 몸이 무거웠다. 집 밖으로 한 발짝도 나가기 싫었지만, 고등학교 때 친구가 아이들이 입던 옷을 물려주겠다는 말에 귀가 번쩍뜨여 낮잠도 포기하고 친구를 만나러 나가는 길이었다. 친구 캐럴이 문을 열어주었다. "조이스, 정말 반갑다." 친구는 내 어깨를 안으려고 애쓰다 키득거리며 웃었다. "어서 들어와."

현관을 들어서던 나는 친구 뒤에 숨어 있는 친구의 세 살짜리 딸 미셸을 발견했다.

"안녕, 아가." 나는 아이를 보며 아는 척을 했다.

미셸은 엄마의 다리를 잡은 손에 더 힘을 주었다. 나는 소파에 앉았다. 캐럴이 내게 줄 아이스티를 만드는 동안 나는 상자에 든 작은 수건, 아래 위가 붙은 아기 옷 등을 만지작거렸다.

"캐럴, 옷들이 정말 마음에 들어. 고마워."

친구는 내가 앉은 소파의 다른 쪽 끄트머리에 앉았다. 미셸을 무릎 위에 올려 앉히며 친구는 내게 줄 아기 용품들이 몇 년 전 미셸이 쓰던 것들이라고 말했다.

"넌 이제 다 커서 이런 것들은 필요 없어." 친구가 딸에게도 설명해주었다.

"조이스 이모한테 네가 입던 옷을 드릴거야. 새로 태어날 아기한테 입힐 수 있게."

그 순간 뱃속의 아기가 발길질을 했다.

"어머, 미셸" 나는 한 손을 배에 올려놓으며 말했다. "아기가 발로 찼어. 너도 한번 만져볼래?"

미셸은 작은 팔을 뻗어 내 배 위에 한쪽 손을 올리더니, 고개를 내 쪽으로 돌렸다. 궁금해 못 견디겠다는 듯 갈색 눈을 들어 나를 빤히 보며 아이가 물었다.

"그런데 이모는 왜 아기를 먹었어요?"

조이스, 두 아이의 엄마

함께 웃고, 함께 노는 가족들은 함께 있는 것을 즐긴다. 누구든 그런 가족이 되기를 바란다. 엄마로서 우리는 가족들의 웃음을 이끌어내는 역할을 할 수 있다. 어떤 엄마들에게는 쉬운 일이겠지만, 감추어진 유머 감각을 발굴하고 키워야 하는 엄마들에게는 연습이 필요하다. 자신의 인생을 더 많은 웃음으로 채우고 싶은 엄마라면 다음과 같은 시도들을 해볼 만하다.

- 미소 짓기
- 감사할 일들을 세어보기
- 웃음소리가 나는 쪽으로 몸을 움직여보기
- 유쾌한 사람들과 어울리기
- 사람들에게 하루 중 있었던 재미있는 이야기를 들려달라고 하기
- 웃긴 영화 보기
- 유튜브에서 웃긴 동영상 보기
- 가족과 함께 볼 만한 코미디 쇼 보러 가기
- 만화책 읽기
- 가까운 서점에 가서 유머 코너 둘러보기
- 자기 자신의 우스운 점에 대해 웃기
- 가장 민망했던 순간 이야기하기

- 아이들이 어렸을 때 했던 웃긴 행동들에 대해 본인에게 이야기해주기
- 강아지랑 놀기
- 아이스크림 자주 먹기
- 동물원에서 원숭이 보기
- 학교에 다닐 나이가 안 된 어린이 지켜보기

유머 감각을 기르는 것은 가정에서 매우 중요한 역할을 하는 기쁨의 분위기를 조성하는 과정의 첫 단계일 뿐이다.

분위기란 "지배적인 느낌이나 감정적 톤"으로 정의된다. 우리 가정의 지배적 느낌은 무엇일까? 기쁨의 기반을 조성함으로써 나와 내 자녀들이 이 질문에 긍정적인 관점에서 대답할 수 있다. 자신의 가정을 행복한 곳으로 표현할 수 있다는 것은 모든 여성이 꿈꾸는 로망이다. 『왓 위민 원트』에서 저자인 리사 T. 버그렌과 레베카 프라이스는 다음과 같은 조사 결과를 인용했다. "기혼이건 독신이건, 이혼했건 배우자를 여의었건, 젊은 여성이건 나이 든 여성이건, 행복한 가정생활을 향한 열망은 모든 희망사항과 우선순위에서 최상위를 차지했다."

나는 기쁨이라는 감정을 깊이 내면화하여 가정을 지탱하는 기반으로 삼고, 상황이 어떠하든 기쁨을 체험하도록 독려할 것이다. 기

쁨은 행복한 느낌, 즐거움 이상의 감정이다. 기쁨은 깊은 만족감, 수용, 희망 등의 상태이며 가정생활의 디딤돌이 되는 흔들림 없는 근원이다.

엘리사 모건은 『내 마음의 열매 가꾸기』라는 책에서 기쁨과 행복의 차이에 대해 이렇게 설명한다.

피어나는 꽃이라면 어느 하나 그 꽃을 지탱하고 자양분을 주는 복잡한 뿌리 체계를 갖지 않은 것이 없다. 기쁨으로 가득한 분위기는 가족에게 있어서 뿌리와도 같다. 주어진 상황이 즐겁지도, 행복하지도 않다면 어떻게 할 것인가. 그저 행복하다 느끼는 것 말고 가족을 지탱해줄 좀 더 든든한 뭔가가 필요하다. 특히 우울증으로 고통받는 수백만 명의 여성(그리고 남성)에게는 더욱 그렇다.

 어두운 날들을 밝혀준 희망의 기도

아이들이 태어날 때마다 나는 여러 번 우울증을 겪었다. 서른 번째 생일날 내 인생은 정말 최악으로 내달았다. 당시 아직 학교 가기 전의 두 아이를 데리고 교회에 있었다. 비는 오고 주차장은 붐볐다. 문득 이런 생각이 들었다. 왜 저 사람들은 모두 웃고 있는 걸까? 어떠한 이유로도 설명할 수 없는 슬픔이 나를 압도했다. 집에 돌아온 나는 침대에 웅크리고 누워 머리까지 이불을 뒤집어쓰고는 나만의 껍질 속으로 들어가버렸다. 얼마 안 가서, 매일 침대에서 겨우 일어나 옷을 챙겨 입는 것도 버거운 지경이 되었고, 심지어 그조차 못하는 날도 있었다.

우울하면 고독하다. 사람들을 만날 수도 없었다. 그들은 행복한데 나는 그렇지 못했기 때문이다. 모임 초대도 거절하거나, 말도 없이 불참했다. 곧 아무도 내게 전화하지 않았고 불러주지도 않았다. 얼마 후, 친구도 모두 없어졌다. 친구가 꼭 필요했는데.

일을 할 수도 없었다. 상사에게 전화해 "저 오늘 회사 못 나가요, 슬퍼서요."라고 말하는 것도 한두 번이다. 교회도 그만다니고, 아이들 학교에서 진행되는 프로그램이나 경기에도 나가지 않았다. 점점 세상과 단절되어갔다.

남편 짐은 놀라운 힘으로 버텼다. 남편은 아이들에게 아빠와 엄마 역할을 모두 해냈다. 그런 남편을 보며 나의 죄책감은 더욱 커졌다. 내 모습은 인간으로서, 아내로서, 엄마로서, 친구로서 내가 바라던 모습이 아니었다. 내가 다른 사람들의 삶을 망치고 있다는 생각이 들었다. 죽고 싶었다. 늘 죽음에 대해서 생각했다.

어느 수요일 오후, 내 상태는 바닥을 쳤다. 남편이 집에 돌아왔을 때, 나는 침대와 벽 사이에 끼어 히스테리를 부리며 나좀 죽게 해달라고 하느님께 빌었다. 나는 입원해서 집중적인 우울증 치료를 받기 시작했다. 그리고 몇 년간 내 감정은 롤러코스터를 탄 것 같았다. 어떤 날은 좋았다가 어떤 날은 나빴다. 활기 넘치고 행복하다가도, 어느 날은 울음을 터뜨리고, 또 어느 날은 화를 냈다. 나는 누구보다 신에게 화가 났다. 나는 내가 할 수 있는 일을 다 했지만, 그래도 여전히 우울증과 싸워야 했다. 신이 도대체 어디 있는지 알고 싶었다.

그러던 어느 날, 혼자 하루 종일 집에 있는데 몹시 지치고 배가 고팠다. 나는 소리 내어 기도하기 시작했고, 더 이상 할 말이 없어질 때까지 나의 고통을 털어놓았다. 소파에 누워 기도했다. "누군가 나를 위해 기도해줘야 해. 나는 도저히 더 못하겠어. 이젠 뭐라고 기도해야 하는지도 모르겠어." 그때 나는 뭔가 편안한 것을 느꼈다. 예수님이 팔로 나를 감싸고 있다는 것을 알았고, 그분이 나를 위해 기도하고 있다는 것을 깨달았다. 느낄 수 있었다. 나는 오랜 시간 끝에 처음으로 기쁨을, 행복이 아닌 환희를 느꼈다.

내 이야기를 예쁘게 포장해서 다시는 우울증을 겪지 않았다며 행복한 결말로 마무리할 수 있다면 좋겠지만 그건 사실이 아니다. 나는 매일 우울증과 싸우지만, 늘 한 가지만은 잊지 않는다. 바로 내게 기도할 말이 바닥났을 때는 예수님이 나를 위해 기도해주신다는 점이다. 예수님은 늘 나와 함께 있다는 걸 이제는 나도 안다. 내 힘이 바닥났을 때, 예수님은 내게 힘이 되어 준다. 이런 희망이야말로 내 생애 가장 어두웠던 날에도 내게 기쁨을 주었다.

로빈, 두 아이의 엄마

로빈의 말을 믿어라. 최악의 우울, 어둠 속에서도 가장 깊은 환희를 잃지 않는 것이 가능하다.

최악의 어려움을 겪는 와중에도 우리는 기쁨을 경험할 수 있다. 최근 나는 운동을 시작했는데 가장 어려운 동작(일명 소화전 자세, 두 손과 무릎을 바닥에 댄 채 몸의 균형을 유지하느라 대둔근이 아파온다고 상상해보시길…… 아니, 별로 상상하고 싶지 않을 수도)을 하는데 강사가 이렇게 말했다. "이 동작에서도 희열을 느껴보세요."

수업을 듣던 사람들 모두 괴로운 신음 소리를 냈고, 어떤 사람들은 소리 내 웃었다. 하지만 강사는 고통이 우리 몸에 이로운 작용을 한다는 사실을 상기시켜주었다. 고통이 정말로 나로 하여금 마음속에 약간의 기쁨을 맛보게 해주었다. 내 몸이 이런 고난을 견디게 함으로써 좋은 결과를 얻으리라는 것을 알고 있었다. 운동을 할 당시에는 즐겁지도 행복하지도 않았지만, 내가 더 건강해질 것이고, 결국에는 운동의 보람을 느끼게 되리라는 희망이 있었던 것이다. 인생에서 느끼는 기쁨도 이런 것이다. 좋은 시절에 기쁨을 연습해둔다면, 같은 기쁨을 어려운 시절에도 느낄 수 있을 것이다. 아무리 어려운 상황일지라도 내 스스로 여성으로 성장해가고 있다는 희망만은 간직해두자.

유머 감각을 개발하고 기쁨의 기반을 조성함으로써 우리의 모성 센스는 깊이를 더해갈 것이고 결국 우리는 나와 내 가족을 위해 우리의 가정에 기쁨이 충만한 분위기를 만들어낼 것이다.

How to…

▸ 내가 생각하는 행복과 기쁨의 차이는?

▸ 나의 가정에 기쁨이 더욱 충만한 분위기를 만들기 위해 내가 할 수 있는 것 세 가지를 열거한다면?

▸ 다른 누군가의 삶에 기쁨을 줄 수 있는 일을 할 수 있다면 무엇을 하겠는가?(그리고 그것을 당장 실행해보는 것은 어떨지?)

어떤 일이 있어도, 어떤 상황에서건 사랑하는 것.

– 줄리, 두 아이의 엄마

나에게 무조건적인 사랑이란 좋건, 나쁘건, 추하건 모두를 사랑하는 것이다. 또 아무리 힘들어도 아이들에 대해 체념하지 않는 것이기도 하다.

– 셸리, 세 아이의 엄마

제한 없는 사랑, 어떠한 조건도 요구하지 않는 사랑, 진정한 사랑, 대가를 기대하지 않는 사랑

– 지니, 세 아이의 엄마

누군가를 무조건적으로 사랑한다는 것은 그 사랑에 한계를 지우지 않는 것이다. 특정한 상황이 사랑을 멈추는 이유가 될 수 없고, 어떤 것으로도 그 사람에 대한 사랑을 멈출 수 없는 그런 사랑이다.

– 테리, 세 아이의 엄마

마음에 들지 않을 때조차 사랑하는 것.

– 셸리, 세 아이의 엄마

chapter 13

흔들릴
때는

가정을 꾸릴 때, 그 가정을 어떠한 기반 위에 세울지가 정말 중요하다. 그 기반이야말로 기쁠 때나, 폭풍이 몰아칠 때 가족을 지탱하는 힘이 되기 때문이다. 모성센스의 바탕이 되는 핵심적인 요소가 바로 사랑이다. 너무 당연한 얘기 같지만, 우리는 종종 당연한 것들을 간과하곤 한다. 모성센스와 사랑은 늘 공존한다. 엄마가 됨으로써 우리는 이전에 경험한 사랑과는 확연히 다른 방식으로 타인을 사랑하는, 전혀 새로운 세계에 들어서게 된다.

우리는 대부분 로맨틱한 사랑을 경험해보았거나, 적어도 눈앞의 커다란 스크린에서 벌어지는 로맨틱한 사랑을 본 적이 있다. 남녀

간의 사랑은 근사하고, 신비롭고, 놀랍고, 기적과도 같다. 로맨틱한 사랑은 짜릿한 모험이다. 나는 세상 사람들 모두가 그런 사랑을 경험해보았으면 좋겠다고 생각한다. 하지만 첫아기를 팔에 안았을 때, 아기의 눈을 들여다보고, 아기의 발가락을 만지고, 아기의 이마에 입 맞추고, 내 품에 잠든 아기의 따뜻한 숨결을 느낄 때 나는 전혀 다른 종류의 사랑을 경험했다.

내 아이에 대한 사랑은 너무나 심오한 감정이라 말로 표현하기가 거의 불가능하다. 하지만 우리는 사랑이라는 기존의 단어를 사용해 이 감정을 표현한다. 새로 나온 구두나 초콜릿도 사랑할 수 있지만, 그런 사랑은 자식을 사랑하는 엄마의 마음과는 비교할 수가 없는 감정이다.

고대 그리스어에는 우리가 단순히 '사랑(love)'이라고밖에 표현하지 못하는 감정을 표현하는 단어가 세 개나 있었다. 그 단어 세 개는 각각 다른 의미였다.

에로스 ● 로맨틱하고 격정적인 사랑.

필리아 ● 우정과 같은 사랑.

아가페 ● 최고 형태의 사랑. 타인을 향한 무조건적 사랑으로 대상의 결점과 약점에 구애받지 않는다. 성경에서 인간에 대한 신의 사랑을 묘사할 때에도 아가페라는 단어가 사용된다.

아가페적 사랑이야말로 내 가족을 위한 양육 철학을 구현함에 있어 내가 목표로 삼는 사랑이다. 아가페는 내가 동경하는 가족들이 보여주는 사랑이다. 나 외의 다른 인간 존재에 대해 그 사람의 모든 것을 알면서도 여전히 넘치게 사랑하는 것이야말로 내가 생각하는 무조건적인 사랑을 정의하는 최상의 방식이다. 아가페는 다른 사람을 완전하게 받아들임을 의미한다. 그 사람의 몸, 마음, 영혼까지. 나아가 그 사람을 위한 사랑을 드러내기 위해 자신을 희생함도 마다하지 않는 것이 바로 아가페적 사랑이다.

아가페적 사랑은 이런 것이다.

참아주고	충실하고	신뢰하고
친절하고	포용하고	자기를 희생하고
용서하고	기대하고	믿고
감싸주고	자비롭고	긍정적이고
견뎌내고	이타적이고	당당하며
절대적이며	초조해하지 않고	질투하지 않고
지치지 않고	매몰차지 않고	오만하지 않고
군림하지 않고	속이지 않고	무례하지 않고
지배하지 않고	마음 상하게 하지 않고	불성실하지 않고
이기적이지 않고	까다롭지 않고	부정적이지 않고

모성센스가 이끄는 느긋한 육아

두려워하지 않는다

갓 태어난 아이에게 무조건적 사랑을 주기는 쉽다. 갓난아기에게 엄마가 느끼는 무한한 사랑은 어떤 경험과도 견줄 수 없다. 고맙게도 하느님은 우리로 하여금 아기에게 그런 무한한 사랑을 경험하게 함으로써, 자라서 걸음마를 뗀 아이가 공원에서 떼를 쓰며 울 때, 당장 아이에 대한 사랑을 느끼지 못할지라도 우리가 그 아이를 얼마나 사랑하는지 기억하게 한다. 더 자라 십대가 된 아이들이 우리의 사랑에 시련을 줄 때도, 우리의 모성애와 '사랑 가득한' 반응이 우리 기억 속에 각인되어 힘든 시련을 헤쳐나갈 수 있다.

조건을 건 사랑
넘치는 사랑

모성애는 거침없는 사랑이다. 모성애는 강렬하다. 아이들에 대한 사랑에 의해 엄마들은 압도당하고, 마음을 빼앗기고 완전히 이성을 잃는다. 생물학적 자식이건, 입양아이건 상관없다. 내가 아는 모든 엄마들은 아이를 살리기 위해서라면 달리는 버스 앞으로 뛰어들 각오가 되어 있는 사람들이다. 엄마는 세상 그 누구도, 그 어떤 것도 내 아이를 해치지 못하게 하겠다는 독한 결의로 아이를 보호한다. 그러니 애 엄마들하고는 가능한 한 시비 붙지 말도록.

모성애가 그렇게 자연스럽고 강력한 사랑이라면 왜 엄마들은 양육의 기반으로써 모성애를 갈고 닦아야 하는 걸까? 왜냐하면 잊어버리기 때문이다.

시간이 지날수록 우리는 아기를 품에 안고 뺨을 비벼대던 시간들을 잊어버리고 만다. 아기의 몸에 발라주던 로션 냄새도 기억에서 사라진다. 게다가 아기가 언제나 사랑스럽지만은 않다. 때때로 사랑은 선택의 문제가 되어버린다. 우리는 아이가 사랑스럽지 않을 때에도 사랑하는 쪽을 선택한다. 의도적으로 사랑하는 법을 미리 연습해둔다면 선택은 더 쉬워질 것이다.

무조건적인 사랑 위에 가정을 이루어나가는 의식적인 노력은 앞으로 살아갈 시간을 위해 사랑이 넘치는 환경을 만드는 데 힘이 되어줄 것이다. 예기치 못한 사건과 불행이 가족을 위협할 때, 가족을 떠받치는 무조건적인 사랑이야말로 가족을 하나로 묶는 끈이 되어준다. 그 어떤 상황에서도.

무조건적으로 사랑하는 법을 배워가는 가족은 그런 사랑의 보상을 누릴 것이다. 무조건적 사랑이 충만한 가정은 그런 사랑을 경험하는 모두에게 달콤한 기억을 만들어준다.

이것은 우리 모두가 갈구하는 것이며, 엄마로서 아이들에게 줄 수 있는 것이다. 우리가 살면서 아이들에게 느끼는, 자연스럽고 본능적인 사랑은 모성센스의 일부이다. 하지만 때때로 사랑은 다른 감정과 서로 뒤엉킨다. 사랑은 그저 무조건적으로 나누어주는 것에서, 노력해야만 얻는 것으로 바뀐다. 아이가 성장함에 따라 엄마의 사랑도 성과에 대한 보상의 성격을 띠게 된다. 아이는 뭔가를 잘했을 때에는 사랑받는다고 느끼는 반면, 실수를 했을 때에는 실망과 사랑의 부족을 느낀다.

반대로 어떤 여성들은 '넘치는 사랑'을 준다. 의도는 좋지만, 어떤 엄마들은 아이를 지나치게 사랑하기도 한다. 너무 사랑한 나머지 아이는 엄마에게 과도하게 의존적이 되어 자신만의 사랑을 발견하고 자신의 인생을 사는 것조차 할 수 없는 사람이 되어버린다.

내 자녀에게 어떤 사랑을 주고 싶은지, 내가 준 사랑으로 말미암아 야기될 바람직하지 못한 결과는 어떤 것인지 한번쯤 생각해보아야 할 것이다.

두렵고 불안한 엄마는 소심한 아이를 키운다

엄마가 되자 전에는 몰랐던 두려움이 엄습했다. 작고 연약한 아기를 돌보아야 한다는 것이 무서웠다. 아기를 처음 목욕시킬 때, 몸에 비누칠을 한 아기가 손에서 미끄러져 떨어질까 봐, 잠시라도 아기 머리가 물에 잠겨 아이가 평생 물을 두려워하게 될까 봐 너무 무서웠다. 아기를 차에 태우고, 내릴 때도 겁이 났다. 카시트 벨트의 버클로 아이 머리의 연한 부분을 치기라도 할 것 같았다. 한밤중에 갑자기 숨을 멈출지도 모른다는 생각에 아기 침대 옆 바닥에서 잠을 자기도 했다. 이 밖에도 엄마라는 새로운 세계에 발을 들여놓은 순간 나에게 닥친 두려움은 너무나 많아 다 열거하기도 힘들다. 나는 수면부족 상태로 걸어 다니는, 겁에 질린 여자였다.

내 아이들을 돌볼 수 있다는 자신감을 갖기까지는 시간이 좀 걸렸다. 실수로 한두 번 아이들의 머리를 친 적도 있었지만, 아이들은 무사했다. 그러면서 나는 상상이 논리적으로 사고하는 내 삶을 지배하고, 나로 하여금 끊임없이 두려운 생각들로 빠져들게 할 때가 언제인지 점차 알아가게 되었다. 그럴 때면 나는 의도적으로 생각을 중단하고, 마음을 진정시키고, 스스로를 이성적인 말로 타이른다. 나는 늘 무슨 일이 생길까 걱정하는 겁 많은 엄마가 되고 싶지 않았다. 두려워하지 않는 현명한 여성이 되고 싶었다. "겁먹지 말고, 이성적으로 생각해." 나는 늘 스스로에게 말했고, 지금도 그런다. 나는 불안에 떨기보다 내 인생과, 나의 양육 방식에 대해 자신감을 가지고 대담하게 살고 싶다.

두려움은 종종 보호본능으로 이어진다. 이것은 모성센스의 일부 이기도 하다. 두려움을 감지하고 아이들을 해로운 것들로부터 보호 하는 것이 어머니의 역할 중 하나다. 하지만 지금까지 경험에서 알 수 있듯 두려운 입장에서 사랑하는 것은 누구에게도 좋을 것이 없 다. 공포는 합리적인 사고를 방해하고, 실제로 신체적인 반응도 야 기한다. 공포는 불안, 걱정, 경악, 망상, 충격, 막연한 두려움을 가져 온다. 두려워하는 엄마는 두려움이 많고 소심한 아이를 키운다. 어 디에든 그런 엄마 한 사람쯤은 있다. 그런 엄마는 자기 아이들에게 전혀 위험하지 않은 일도 못하게 한다. 그런 엄마의 아이는 자신의 그림자도 두려워한다. 이렇게 겁에 질린 사랑은 자신감 있고 독립 적인 아이로 자라도록 이끌지 못한다.

 공포에 떠밀린 육아는 더 큰 불안을 낳는다

나는 텐트 안, 슬리핑백 위에 누워 책을 읽고 있었다. 가족 캠핑 여행의 한가한 오후 한때, 나는 베개를 베고 몇 분간의 평 화를 만끽하고 있었다. 그런데 느닷없이 엄청난 소리와 함께 몸 전체가 흔들렸다. 들고 있던 책이 공중으로 날아갔던 것이 기억난다. 나는 남편 덕을 부르려고 했는데 거기까지가 내가 기억하는 전부다.

눈을 떠 보니 병원이었다. 엄마가 내 손을 잡고 계셨고 친구 케이티가 내 침대 옆에 서 있었다. 알고 보니 내 텐트 바로 옆에 나무가 한 그루 있었는데, 그 나무의 뿌리가 내가 누워 있던 곳 아래로 뻗어 있었고, 그 나무가 번개를 맞으면서 뿌리를 타고 전류가 흐른 것이다. 전류는 슬리핑백을 지나 내 몸속을 흘렀다. 나는 반바지의 지퍼와 브라 안의 와이어 때문에 화상을 입고 광범위한 신경 손상까지 있었지만, 어쨌든 목숨은 잃지 않았다.

정신을 차린 내 입에서 나온 첫마디는 "난소는 괜찮아?"였다. 나는 아기를 간절히 원했다. 다행히 난소에는 이상이 없었다. 나는 친구에게 "정말 끔찍한 하루였어."라고 말한 뒤 다시 잠이 들었다.

회복기간은 길고도 고통스러웠다. 나는 몸에 입은 손상과 더불어 '외상 후 스트레스 증후군(PTSD)'으로 고생했다. 극도의 불안에 시달려 식욕을 잃었고, 잠도 자지 못했다. 몸도 마음도 제 기능을 하지 못했다. 나는 상담과 약물치료를 받고 회복에 도움이 되도록 침도 맞았다.

몇 년 후 나는 임신을 하고 첫아기, 아이작을 낳았다. 임신과 출산은 내게 버거운 경험이었는지 외상 후 스트레스 증상이 재발했다. 새내기 엄마로서 나는 극도의 공황상태에 빠지곤 했다. 또다시 정상적인 생활이 불가능해졌다. 내가 미쳐버릴까 봐 겁이 났다. 아들을 돌봐야 한다는 엄청난 책임감 때문에 두려움이 엄습했다. 이런 압도적인 공포에 의해 움직였으니 남편에게도, 아들에게도, 나 자신에게도 이는 바람직하지 않았다.

나는 내 상태가 좋지 않다는 것을 알고 있었고, 남편은 필요한 조치는 다 취해보도록 나를 격려했다. 더 이상 나빠질 수 없는 지경이 되어 나는 병원을 찾아 상담을 받았다. 그러고는 불안을 가라앉히는 약물치료를 다시 받으면서 도움이 필요할 때는 남편과 친구들에게 의지했다.

지금은 잘 해나가고 있고, 그때의 경험이 얼마나 나를 건강하고, 강한 엄마로 만들었는지를 눈으로 확인할 수 있다. 공포에 떠밀린 육아는 더 큰 불안을 낳을 뿐이라는 교훈을 얻었다. 나는 서서히 통제와 공포를 놓는 법을 배웠다. 결국 나는 나와 가족들의 삶에서 신의 존재를 더욱 믿게 되었다.

니키, 한 아이의 엄마

니키가 말하듯, 공포는 통제와 밀접하게 연관되어 있다. 공포는 대개 통제할 수 없다는 불안감에서 시작한다. 통제할 수 없는 것은 두렵다. 하지만 사실 우리가 통제할 수 있는 것들은 생각보다 훨씬 적다. 열두 단계의 회복프로그램에서 첫 단계는 더 높은 존재의 힘을 인정하는 것이다. 인간은 통제하려는 생각을 버릴 때 공포에서도 벗어날 수 있다.

공포를 바탕으로 한 양육, 예컨대 우리 아이들에게 무슨 일이 생길까 봐, 아이들이 살고 있는 세상에 대한 두려움 때문에 내린 결정 같은 것은 더 큰 불안을 낳고, 종종 아이들마저 불안하게 만든다. 통제하려는 생각을 버리고, 자기 자신보다 신에게 더 의지함으로써 두려움 없는 사랑으로 아이들을 키울 수 있다면, 두려움 속에 자신을 가두거나 움츠러드는 일 없이, 조건 없는 사랑으로 크게 한 발 내딛을 수 있을 것이다.

모성센스는
요구하지 않는다

'무한한 사랑'이라는 말은 어떠한 기대나 요구도 하지 않는, 어떠한 대가도 바라지 않는 사랑을 말한다. 우리는 아이들을 사랑하고,

아이들도 할 수 있는 한 우리를 사랑할 것이다. 하지만 우리의 사랑은 때때로 아무런 보상도 받지 못한다. 아이들을 위해 수천 번이나 끼니를 준비하고, 산더미 같은 빨래를 세탁하고, 트럭 몇 대분이나 장난감을 정리하겠지만, 우리의 노고에 대한 감사의 포옹이나 "고마워요"라는 말 한마디조차 받는 경우가 드물다.

무한한 사랑은 이타적인 사랑이다. 다른 누군가를 위해 내 자신의 요구를 돌보지 않는 것이다. 자신을 희생하는 사랑은 물론 모성센스 DNA의 일부이다. 출산을 했건 입양을 했건, 엄마가 된 바로 그날부터 내 아이가 필요로 하는 것이 다른 모든 것보다 우선한다. 밤에는 아이에게 젖을 물리기 위해 잠을 포기한다. 아기를 먼저 먹이기 위해 먹을 권리조차 포기한다. 임신을 해본 사람이라면 알 것이다. 그때는 자신의 몸을 스스로 통제할 자유조차 놓아버린다. 우리는 완벽하게 아름답지만 괴상한(내 경우엔 아름다움보다 괴상함에 가까웠다.) 모습으로 변하고, 몸 안에 살아 있는 존재는 성장에 필요한 것은 무엇이든 내게서 가져간다. 나 아닌 다른 사람의 요구를 나 자신의 요구보다 우선시하는 것이 거의 모든 엄마들이 살아가는 방식이 된다. 엄마의 삶이 성숙해가고 아이에 대한 사랑이 커질수록, 엄마는 더 자주 자신이 아닌 타인의 필요 때문에 자신이 원하는 것을 포기한다. 이렇듯 기대나 요구 없이 다른 사람을 사랑하는 것은 순수한 마음으로 사랑하는 법을 배우고, 아무 조건도 없이 사랑하는, 성숙한 사랑을 베푸는 엄마임을 드러내는 표시다.

엄마가 채워져야
사랑을 줄 수 있다

자신을 희생하고 가족을 위해 내 자신의 많은 것을 내어주더라도 우리는 여전히 애정을 가지고 스스로를 돌보아야 한다. 다른 이들을 위해 너무 많은 것을 내주어 텅 비어버린 엄마는 더 이상 줄 것이 없어지고 만다. 『당신의 물통은 얼마나 채워져 있습니까?』에서 저자인 톰 래스와 도널드 클리프턴은 이렇게 쓰고 있다. "사람은 누구나 보이지 않는 물통을 가지고 있는데, 이 물통은 타인이 우리에게 하는 말이나 행동에 따라 비기도 하고 채워지기도 한다. 물통이 텅 비면 기분도 바닥을 친다."

이 책은 주로 사람들 사이의 관계 문제를 다루고 있기는 하지만, 이 책에서 주장하는 개념을 각자 사적인 삶에도 적용할 수 있다고 생각한다. 인간은 다른 사람에게만 의존해서는 자신의 물통을 채울 수 없다. 스스로 자신의 물통을 채울 수 있는 방법을 찾아야 한다. 그 물통을 찾는 방법이란 누군가에게는 자전거 타기가 될 수 있고, 누군가에게는 영화 감상이, 또 다른 사람에게는 조용히 갖는 혼자

만의 시간이, 소설 읽기, 거품 목욕 등일 수 있다. 스스로 만족스러운 사람으로 느끼게 해주는 사소한 것들을 계속 해나가다 보면 더 좋은 엄마가 되어 있을 것이다.

늘 그렇지만 내 자신의 요구와 타인의 요구 사이에서 균형을 맞추기란, 특히 엄마에게는 매우 어렵다. 때때로 우리는 자신의 요구를 충족시키지 못하고 살기도 한다. 예컨대 아픈 아이를 돌보기 위해 기껏 계획해두었던 오늘의 할 일을 모두 취소해버려야 하는 경우가 있다. 하지만 그렇다고 스스로를 위해 아무것도 하지 말아야 한다는 뜻은 아니다. 우리 안의 물통이 마르지 않게 채우자. 우리의 영혼을 윤택하게 하는 것들을 계속하다 보면, 타인에게 나누어줄 것들도 훨씬 더 많아진다.

엄마와 아이 사이에는 특별한 유대가 생긴다. 그런 사례는 어디서나 볼 수 있다. 덩치가 산만 한 풋볼 선수가 엄마에게 감사하다는 말을 전하며 눈물범벅이 되기도 하고, 훤칠한 바이커가 울퉁불퉁한 이두박근 위에 새긴 하트 모양 문신 가운데 '엄마'라고 새긴 글자를 자랑스럽게 내밀기도 한다. (나도 어느 날 집에 돌아온 내 아들의 깁스 위에 그려진 같은 모양의 하트 때문에 너무나 행복했다.) 샌드라 불럭도 〈블라인드 사이드〉로 오스카 상 여우주연상을 수상한 자리에서 세상 모든 엄마들과 현실에서 그들이 맡은 놀라운 역할에 감사한다고 소감을 밝힌 바 있다.

어머니의 사랑은 아이가 앞으로 살아가면서 누리게 될 모든 사랑의 시작이다. 어머니는 아이가 평생을 살면서 주고받게 될 모든 사랑에 영향을 미치는 첫 단추다. 신은 우리에게 어머니의 역할이라는 책임을 주셨고, 아울러 주변에 사랑을 나누어주기 위해 필요한 능력을 주셨다. 엄마의 놀라운 사랑은 모성센스의 일부이기도 하다. 어린이가 집에서 경험하는 사랑은 결국 그 아이가 사랑이라는 감정을 어떻게 받아들이고, 어떻게 사랑을 주고받을지도 결정하며, 나아가 신과 신의 사랑에 대한 견해에도 영향을 미친다.

How to···

▸ 엄마로서 가장 두려워하는 것은 무엇인가. 다른 엄마들이 두려워하는 것은 무엇인지 서로 이야기해보자.

▸ 어떻게 하면 자신의 모성센스에 대해 더 자신감을 갖고 두려워하지 않을 수 있을까?

▸ 자신이 기대하는 것들 중에 포기해야 한다고 여기는 것은 무엇인가?

▸ 내가 생각하는 희생적 사랑과 자신의 요구를 만족시키는 삶 간의 균형이란 무엇인가?

▸ 가족에 대한 무조건적 사랑을 어떻게 실천할 수 있을까?

chapter 14

●

내 안의
모성센스 연습

이제 우리의 모성센스를 실전에 응용해볼 기회가 왔다. 이제부터 소개할 엄마들이 겪는 곤란한 상황들은 실제 사례에 기초한 것들이다. 하나의 '정답'은 없다. 제시된 해결책들은 연구와 개인적 경험, 다른 엄마들의 조언 등을 참고로 한 것들일 뿐이다. 여기에서 다룬, 혹은 그 밖에 자신이 겪었던 상황들을 가벼운 마음으로 살펴보고, 아이를 키우면서 겪는 여러 가지 갈등 상황들을 헤쳐나갈 방법을 함께 찾아보자.

Q. 아이가 친구를
물었어요

두 살짜리 아들이 지금 막 가장 친한 친구의 손을 물었다. 어떻게 해야 할까?

- 그 자리에서 아들을 불러놓고 다른 사람을 물면 안 된다고 말한다.
- 아들의 행동에 너무나 화가 난 상태이므로 잠시 자리를 피한다.
- 물린 아이에게 관심을 보여주고, "저런, 아프겠구나. 가서 상처에 얼음을 대줄게." 등의 말을 건넨다.
- 아직 화가 풀리지 않은 아들에게 친구를 문 이유를 말하도록 한다.
- 다른 아이에게 아들을 물도록 해서 물리면 얼마나 아픈지 아들도 느끼게 한다.

이렇게 해결해보자

엄마가 그 자리에서 보여줄 수 있는 최선의 반응은 아들에게 사람을 물어서는 안 된다는 점을 깨닫게 하고, 물린 친구를 위로하는 것이다. 화난 아이에게 친구를 문 이유를 묻는 것은 좋은 방법이 아니다. 아직 분노가 가시지 않은 아이는 십중팔구 알아들을 수 있게 설명하지 못할 것이기 때문이다. 두세 살 아이에게 물기는 흔한 행동이다. 이맘때의 아기가 때때로 누군가를 문다고 해서 발달 과정에 문제가 있는 것은 아니며, 반드시 다른 아이를 괴롭히는 아이로 자라는 것도 아니다.

Q. 너무 심하게 떼를 써요

18개월 된 딸이 슈퍼마켓에서 소란을 피우기 시작했다. 분홍색 크림을 예쁘게 얹고 반짝이는 초록색 설탕가루를 뿌린 컵케이크를 사달라며 떼를 쓰는 것이다. 어떻게 하면 좋을까?

· 아이의 투정을 무시한다.

· 일단 원하는 것을 사주어 진정시킨 다음 집에 가서 야단친다.

· 나도 바닥에 주저앉아 함께 소리를 지른다.

· 슈퍼마켓 직원에게 장 본 물건을 잠시 맡아달라고 한 다음 아이를 차로 데리고 가 진정시킨다.

· '주의 돌리기' 신공을 발휘하여, 뭔가 재미있는 다른 것으로 아이 의 관심을 끈다.

아이의 투정을 무시함으로써 효과를 볼 수 있다면, 그것도 좋은 방법이다. 하지만 효과가 없다면 주의를 돌리는 방법을 시도해본다. 그래도 안 되면 누군가에게 도움을 청하는 것도 좋다. 카트를 잠시 두고 아이를 진정시키러 나간다고 해서 큰일이 나는 건 아니다. 슈퍼마켓 직원이나 다른 손님들은 그런 방식으로 대처하는 엄마를 훌륭하다고 생각할 것이다. 안 되는 줄 알면서 아이의 성화를 이기지 못해 컵케이크를 사주었다고 해도 엄마로서의 자질을 탓할 필요는 없다. 별일 아니다. 다음번에 아이가 떼를 쓸 때는 더 훌륭하게 대처할 수 있을 것이다. 중요한 것은 침착함을 잃지 않는 것이다. 어떤 경우에도 엄마까지 이성을 잃고 흥분해서는 안 된다.

Q. 형제자매끼리 다투는 일이 잦아요

아이들 방에 들어갔더니 아들 녀석 둘이 장난감 트럭을 서로 가지고 놀겠다고 치고받으며 싸우고 있다. 오늘만 벌써 다섯 번째다. 끊임없는 다툼을 어떻게 막을 수 있을까?

- 뒤로 물러나 아이들끼리 결판을 짓도록 내버려둔다.
- 즉시 아이들을 떼어놓고 한참 동안 따로 놀도록 한다.
- 해결책을 제시해준다. 가령 타이머를 이용해 각각 정해진 시간만큼 해당 장난감을 갖고 놀도록 한다.
- 다시는 그 장난감 때문에 싸우지 않도록 장난감을 쓰레기통에 버린다.

이렇게 해결해보자

형제자매 간의 경쟁 의식은 인류 역사가 시작된 이래 모든 엄마들의 고민거리였다. 아무리 침착하고 냉철한 엄마라도 분통을 터뜨리게 만드는 문제이기도 하다. 그러니 아이들은 당연히 싸우는 존재라는 점을 늘 염두에 두는 것이 좋다. 모든 가족들이 같은 문제를 겪으니 말이다.

우선 가족만의 매우 구체적인 기본 방침을 정하는 것이 중요하다. 예를 들어 주먹질, 물기, 발로 차기, 별명 부르기 등은 우리 집에서는 허용되지 않는다는 규칙을 정한다. 아이들 간에 몸싸움이 벌어지면 즉시 아이들을 떼어놓고, 미리 약속한 규칙을 상기시킨다. 아이의 연령에 알맞게 규칙 위반에 상응하는 벌칙을 미리 정해둔다. 적절한 벌칙이 생각나지 않는다면, "어떻게 할지 엄마가 잠시 생각 좀 해야겠다."라고 말해도 좋다.

다투는 아이들을 떼어놓는 것도 좋은 방법이다. 다만 아이들은 각자 얼마간 떨어져 있어야 한다. 싸움이 심각한 주먹다짐으로 발전하지 않았다면 아이들끼리 결판을 짓도록 내버려두어도 좋다. 아이들이 다툴 때마다 엄마가 옆에서 해결해줄 수도 없는 노릇인데다가, 의견이 서로 다를 때 협상하는 법을 배워두는 것도 중요하고, 이런 경험이 앞으로 살면서 유용할 테니 말이다. 장난감을 내다버리는 것도 싸움을 예방하는 한 가지 방법일 수 있지만 함께 나누어 쓰는 법을 배우게 하는 것도 또 다른 해결책이 될 수 있다.

아이들 때문에 너무 화가 나 폭발할 지경이라면 그냥 도움을 청하는 것이 최선일지도 모른다. 어쨌든 배우자나 주변 사람들을 개입시키거나 어떤 다른 방법을 쓰건 아이들의 다툼은 미루지 말고 그 자리에서 잘못을 깨닫게 해주어야 한다. 아이를 하나만 낳은 게 아닌 이상 형제자매 간 다툼을 막을 방도는 없다.

Q. 내 아이가 거짓말쟁이라니

딸의 방에서 초콜릿 바 포장을 발견했고 아이의 치마에도 초콜릿이 묻어 있다. 엄마가 스모어(크래커 사이에 마시멜로와 초콜릿을 끼운 간식 - 옮긴이)를 만들려고 사다놓은 초콜릿 바를 먹었냐고 아이에게 물어보자 아이는 안 먹었다고 잡아뗀다. 엄마는 아이가 거짓말하는 것을 알고 있다. 어떻게 하면 좋을까?

- 무시한다. 누구나 가끔 거짓말을 하니까.
- "좋아, 누가 초콜릿 바를 먹었는지 몰라도 걸리면 혼내줄 거야."라고 말한다.
- 엄마는 이미 아이가 초콜릿을 먹었다는 사실을 알고 있으므로 더이상 사실 여부를 묻지 않고, "엄마는 네가 허락 없이 초콜릿을 먹었다는 걸 알고 있어. 내가 어떻게 해야 할까?"라고 하거나,
- 실제로 아이가 초콜릿을 먹는 모습을 보지 않았으므로 일단 아이를 믿어주는 척하고, 다음번에는 확실한 증거를 잡을 수 있도록 아이가 또 거짓말을 하는지 계속 주시한다.

이렇게 해결해보자

취학 전 어린이들이 거짓말을 하는 것은 흔한 일이다. 하지만 그렇다고 방치해도 된다는 뜻은 아니다. 위의 상황에서 바람직한 접근 방식은 엄마가 알고 있는 사실, 즉 아이가 허락 없이 초콜릿 바를 먹었음을 조용히 일깨워주는 것이다. 그런 다음 아이

를 야단치지 말고 이제부터 어떻게 할 것인지 차분히 결정한다. 예시한 해결책 중에서는 세 번째 방법이 즉각적인 반응으로는 최선이다.

가장 중요한 순간에 어떻게 질문할 것인지도 신중하게 생각하자. 엄마도 모르는 사이 아이로 하여금 거짓말을 하도록 몰아세울 수도 있기 때문이다. 엄마한테 야단맞고 싶어 하는 아이는 아무도 없을 테니, 벌을 주겠다고 으름장을 놓는 것은 아이에게 사실을 말하게 하는 동기가 될 수 없다. 이럴 땐 아이의 잘못을 지적하는 것보다 아이가 잘한 것을 알아보고 인정해주는 편이 더 효과적이다. 아이가 언제 거짓말을 하나 의심어린 눈길로 주시하는 대신 솔직하게 말했을 때 칭찬해주는 것이다. 따로 시간을 마련해 거짓말에 대해 이야기를 나누어보는 것도 좋다. 거짓말을 한 현장에서 훈계를 하는 것보다는 거짓말이라는 주제로 따로 가족회의라도 해보는 것은 어떨까?

주의, 2세에서 5세 아동이 과장되게 이야기를 꾸며대는 것은 정상적인 행동이다. 내 둘째 아들도 다섯 살 무렵 여러 가지 이야기를 꾸며내곤 했다. 어느 날 아들은 내 친구 집 지하실에서 연두색 도마뱀을 봤다고 말했다. 워낙 터무니없는 이야기를 많이 하는 아이라, 아무도 아들의 이야기를 믿어주지 않았다. 얼마 후 저녁 무렵, 친구가 내게 전화해서 정말 연두색 도마뱀 한 마리가 지하실에 들어왔더라고 말해주었다. 나는 아들에게 믿어주지 않아서 미안하다고 말하면서 아이와 함께 양치기 소년 이야기에 대해 대화를 나눴다. 그러자 아이도 왜 어른들이 자기 이야기를 믿어주지 않았는지 이해하는 것 같았다. 대개 거짓말은 발달의 한 단계일 뿐이니 걱정할 문제는 아니다.

Q. 동생이 엄마 뱃속으로 들어갔으면 좋겠어요

처음 여동생이 태어났을 때, 세 살 난 아들은 몹시 좋아하는 것 같았다. 하지만 며칠 후, 아들은 "동생이 엄마 뱃속으로 다시 들어가버렸으면 좋겠어."라며 투정을 부리기 시작했다. 아이에게도 엄마에게도 새로운 변화를 편안하게 받아들일 방법은 없을까?

- 하루에 몇 번씩 큰아이에게 엄마를 독차지할 기회를 준다.
- 큰아이에게 지금은 너보다 동생이 더 많은 보살핌을 필요로 한다는 사실을 이야기해주면 아이도 현실에 적응하게 될 것이다.
- 아기를 돌보거나 수유를 할 때마다 큰아이에게 뭔가 엄마를 도울 만한 일을 시킨다.

· 큰아이에게 엄마가 사랑한다는 사실을 반복해서 알려주고, 아무
도 큰아이를 대신할 수 없다고 말해준다.

이렇게 해결해보자

새로 태어난 아기를 집에 데리고 와서 큰아이에게 아기를 사
랑하고 받아들이라고 말하는 것은 어떻게 보면 남편이 나보다 더
젊고 예쁜 여자를 집에 데리고 와서 나더러 자신의 새 아내를 사
랑하고 받아주라고 말하는 상황과 비슷하다. 굳이 이런 비교를
하는 이유는 큰아이가 느낄 감정을 이해하는 데 조금이나마 도움
이 될까 해서이다.

아이에게 사랑한다는 말은 아무리 해도 지나칠 것이 없다. 동
생이 태어났다고 해도 큰아이에 대한 사랑은 변하지 않는다는 점
을 아이에게 확실히 말해주어야 한다.

아기를 돌볼 때 큰아이가 엄마를 돕게 하는 것도 좋은 방법이
긴 하지만, 너무 일을 많이 시키면 도리어 아기에 대한 분노를 키
우게 될지도 모르니 조금씩 참여를 유도하는 것이 좋다. 큰아이
가 아기를 다치게 할까 봐 겁이 난다면 아이들만 두고 자리를 비
우지 않도록 주의한다.

큰아이가 퇴행적인 행동, 예를 들어 손가락을 빨거나 대소변

을 못 가리는 등의 행동을 보인다 해도 너무 놀라거나 과민하게 반응할 필요는 없다. 큰아이가 어른스러워지기를 바라는 마음은 잠시 접어두고, 이 역시 거쳐야 할 하나의 단계임을 명심하자.

Q. 이렇게 말 안 듣는 아이,
   내 자식이 맞나요?

아들이 내 말을 듣지 않는다. 내가 하는 말은 모두 무시하는 것 같다. 아무리 여러 번 이야기하고 목소리를 높여도 아들은 반응이 없다. 귀에 문제가 있는 건 아닌지 걱정이 되기 시작한다. 어떻게 하면 아이가 말을 잘 듣게 만들 수 있을까?

· 차분한 말투를 사용하고 요구 사항은 짧고 친절하게 전달한다.
· 소통의 방식을 바꿔본다. 짤막한 쪽지나 그림을 사용해서 아이의 관심을 끌고 엄마가 아이에게 원하는 것이 무엇인지 보여준다.
· 아이를 소아과에 데리고 가서 청각에 문제가 없는지 확인해본다. 만성감염 질환이 있거나 귀지가 쌓였거나 다른 신체적인 이유로 잘 안 들리는 것일 수도 있다.
· 아이에게 엄마가 방금 한 말을 알아들은 대로 다시 말해보도록 한

다. 이렇게 하면 아이가 엄마 말을 잘 듣고 이해했는지 알 수 있
다. 단, 말은 짧게 할 것.

이렇게 해결해보자

아이가 엄마의 말을 듣지 않는다는 느낌이 든다면 위에 제시
한 방식을 모두 시도해봐도 좋다. 아이들은 어른들이 길게 설명
하고 너무 세세하게 지시하면 제대로 반응하기 힘들다는 점을 명
심해야 한다. 엄마의 단어 선택과 목소리 톤에 따라 아이가 엄마
의 말을 받아들이는 정도가 크게 달라질 수 있다. 때때로 노래,
역할 놀이, 간단한 그림으로 엄마가 원하는 것을 표현했을 때 더
잘 반응하기도 한다.

어떤 방식이 효과적으로 아이의 관심을 끌 수 있는지 찾아낼
때까지 여러 가지 방식을 시도해본다. 새로운 방식이 엄마의 요
구 사항을 좀 더 재미있게 전달할 수도 있다. 만약 아이가 엄마
이외의 사람이 하는 말도 잘 못 알아듣는 듯 보이거나 아이의 청
력이 걱정된다면 검사를 해보는 게 좋겠다.

잘 듣는 것은 살아가는 데 중요한 능력이다. 그러므로 엄마 스
스로가 남의 말을 잘 듣는 태도를 보여주는 것이 좋다. 엄마의 바
람직한 행동이 아이를 변화시킬 수도 있다. 그리스의 철학자 에
픽테토스는 "인간에게는 귀가 두 개, 입이 하나이니, 입으로 말하

는 두 배만큼 남의 말을 잘 들어라."라고 말했다. 명언이다.

Q. 너무 따지고 들어요

딸이 엄마가 무슨 말을 할 때마다 따지고 들어서 미칠 것 같다! 아이와의 끝없는 입씨름을 어떻게 하면 그만둘 수 있을까?

- 어떤 경우에도 엄마의 의지를 꺾어서는 안 된다! 엄마 말이 곧 법이다.
- 아이의 말을 끊지 말고 들어준 다음 엄마의 결정이 옳은지 다시 한 번 생각해본다.
- 아이의 말을 들어주지 말고 무시한다.
- 엄마의 말이 옳다는 것이 증명될 때까지 아이와 논쟁을 벌인다.
- 아이와 말싸움에 질렸다면 그냥 아이가 원하는 대로 해준다. 성장 단계의 일부일 뿐이니, 언젠가는 아이도 그만둘 것이다.

이렇게 해결해보자

아이들은 아주 어릴 때부터 원하는 것을 얻지 못할 때 협상을 시작한다. 협상은 좋은 기술이지만, 말싸움은 바람직하지 않다. 말싸움을 통해서 원하는 것을 얻게 되면 아이는 나이가 들어도 같은 방식을 쓰려고 한다. 그러므로 아이가 아직 어릴 때 말싸움하는 버릇을 고쳐주는 것이 좋다. 계속해서 아이와의 말싸움에 말려든다면, 다음과 같은 방법들을 시도해보자.

아이가 말싸움을 걸어올 때, 일단 아이의 말을 들어준다. 아이가 자신의 의견을 다 말할 때까지 중간에 끼어들지 말고, 아이로 하여금 엄마가 자신의 말을 경청하고 있다고 여기게 한다. 그런 다음 엄마는 아이에게 들은 말을 되풀이해서 말한다. 엄마의 결정을 재고해볼 용의가 있음을 보여준다.

엄마의 결정이 합리적이지 못했다면 결정을 바꾸어도 상관없다. 하지만 엄마의 뜻을 계속 관철시키고 싶다면, 아이의 말을 끝까지 들어준 뒤 다시 한 번 결정 사항을 차분히 일러준다. 이 시점에서 논쟁을 끝내고 아이에게 이 문제에 대해서는 더 이상 말싸움할 생각이 없음을 분명히 알려주는 것이 좋다. 만약 아이가 계속 말싸움을 이어간다면 자리를 뜨거나, 엄마를 도와줄 지인에게 전화를 거는 것도 좋다. 아이의 관심을 다른 데로 돌리는 것도 물론 좋다.

손뼉도 마주쳐야 소리가 난다. 단호하고 일관된 태도를 보이도록 노력하고 말싸움에 말려들지 않도록 최선을 다하라.

Q. 아직도 기저귀 신세인
우리 아이

딸을 키울 때는 배변훈련이 전혀 어렵지 않았는데, 아들은 언제 기저귀를 뗄지 요원하다. 아들의 대소변 훈련을 쉽게 끝내는 방법은 없을까?

· 우선 "끝내겠다"라는 생각부터 버려라. 엄마나 주변 사람들의 기대보다 아이가 준비가 되었는지가 더 중요하다.
· 배변훈련에 재미있는 요소들을 가미한다. 예를 들어, 변기에 시리얼 과자를 뿌려놓고, 아이에게 과자를 과녁처럼 명중시켜 보라고 한다.
· 엄마의 방식에 틀림없이 문제가 있을 것이다. 대부분의 아이들은 성별에 관계없이 3세가 되면 대소변을 가리는 것이 보통이다.
· 스트레스 받을 필요 없다. 다 자란 어른 중에 대소변을 못 가리는 사람 본 적 있나?
· 첫 번째, 두 번째, 세 번째, 모두 옳다.

이렇게 해결해보자
아직 준비도 되지 않은 아이에게 억지로 기저귀를 떼게 하는 것은 좋은 방법이 아니다. 엄마와 아이의 기 싸움으로 이어져 양쪽 모두 기운만 빼게 된다. 아이가 변기 사용에 관심을 갖게 되었다는 징후가 보일 때까지 기다리는 것이 최선이다. 기저귀가 젖는 것을 싫어하거나, 낮잠 또는 밤잠을 자고 났는데도 기저귀가 젖지 않았거나, 변기 사용에 호기심을 보이거나, 기저귀를 차지 않으려고 하는 등이 그런 징후이다.

많은 사람들이 이 문제로 불필요한 스트레스를 받는다. 하지만 성인이 되어도 대소변을 못 가리는 사람이 몇이나 있는지 가만히 생각해보면 전혀 걱정할 문제가 아니다. 때가 되면 아이들은 누구나 대소변을 가린다. 다른 부모들이나 친척들의 말 때문에 조바심 느낄 필요도, 다른 아이와 내 아이를 비교할 필요도 없다. 아이들은 대개 3세에서 5세 사이에 대소변을 가리게 된다. 물론 8세가 될 때까지는 밤에 실수를 하는 아이들도 더러 있다.

사내아이들이 여자아이들보다 느린 것도 흔하다. 정말 걱정된다면 소아과의사와 상담해보도록. 야간에 사용하는 알람 형태의 포티페이저(습기를 감지하는 센서가 있어서, 아이가 자다가 소변을 보면 진동으로 깨워주는 배변훈련 도구 - 옮긴이) 같은 도구가 도움이 될 수도 있다. 아이는 실수할 수도 있으므로 늘 마음의 준비를 해두는 것이 좋다.

어떤 경우이든 배변훈련은 즐거워야 한다. 보상을 주고, 게임

모성센스가 이끄는 느긋한 육아

을 하고, 아이가 잘했을 때는 칭찬도 해준다. 엄마의 웃음까지 기 저귀에 싸서 버리지는 말자.

Q. 시부모의
달갑지 않은 잔소리

아기를 포대기로 꼭 싸매고 다니는 아기 엄마에게 시댁 어른들은 곱지 않은 시선을 보낸다. "차라리 애를 묶어놓지 그러니? 애를 너무 싸매는 거 아냐?" 그 밖에도 시댁 식구들이 던지는 말들에 아기 엄마는 자신감을 잃어간다. 하지만 엄마 생각에는 아기를 진정시키기에 가장 좋은 방법이고 아기도 꼭 싸여 있을 때 안정감을 느끼는 것 같다. 엄마는 시댁 식구들의 불필요한 충고에 슬슬 화가 나기 시작한다. 어떻게 하면 좋을까?

· 첫아기이므로 엄마가 서투른 것일 수도 있다. 시댁의 조언을 받아들여라.
· 내 아기에게 무엇이 필요한지는 내가 가장 잘 안다는 자신감을 가져라. 시부모님의 의견도 존중하지만 그들과 생각이 다르다는 점을 정중히 밝힌다.

- 시부모 세대와는 환경이 달라졌고, 따라서 아이 키우는 방식도 많이 다를 수 있다는 점을 일깨워준다.
- 시부모의 말들이 상처가 된다는 사실을 남편을 통해 알린다.

이렇게 해결해보자

아기에게 필요한 것이 무엇인지 자신의 감을 믿어야 한다. 자신이 알고 있는 것에 확신이 서지 않을 때, 어른들이 제안하는 방법을 시도해본다. 모욕적인 말들이 참을 수 없다면, 시댁과의 관계를 돌이킬 수 없게 만들지 않는 범위 내에서 불만을 표시한다. 정중함을 잃지 않되, 정중함이 반드시 원치 않는 조언을 받아들이겠다는 뜻은 아니라는 것을 명심한다.

건전한 조손 관계는 매우 소중하다. 하지만 시부모의 말에 모멸감을 느낀다면 알려야 한다. 직접 말하는 것이 어렵다면 남편을 통하되, 평소의 관계에 맞춰 전달 방식을 달리 한다. 나도 남편도 시부모와 터놓고 이야기하기가 어렵다면, 그냥 내버려둔다. 때로는 반박하지 않고 들어주는 것이 최선일 수도 있다. 특히 앞으로 살면서 계속 봐야 하는 가족들이라면 그 편이 더 나을 수도 있다.

Q. 한시도 떨어지려 하질 않아요

　엄마가 집을 나설 때마다 남겨진 아들은 울고 소리 지르며 엄마에게 매달린다. 엄마는 다리를 붙들고 있는 아이의 손가락을 하나하나 떼놓고 나서 늘 도망치듯 집을 나서야 한다. 아이를 집에 두고 오는 엄마의 마음이 찢어진다. 보모 말로는 엄마가 가고 나면 아이는 괜찮아진다고 하지만, 그래도 이별의 시간을 아이가(그리고 엄마도) 조금 덜 힘들게 받아들일 수 있는 좋은 방법은 없을까?

- 보모에게 문제가 있는 것 같으니 보모를 바꿔야 한다.
- 아이에게 엄마가 많이 사랑하고, 다시 돌아올 거라고 말해준다. 천천히 매달린 아이의 손을 떼어내고 웃어준 다음 손을 흔들며 작별 인사를 하고 집을 나선다.
- 아이에게 간다고 말하지 않고 몰래 집을 나온다. 이별의 상황을 피한다.
- 엄마가 가고 난 다음 아이가 보모와 즐겁게 놀 수 있는 재미있는 놀이를 준비해둔다. 아이에게 엄마가 가고 나면 '공원에 가기, 찰흙 놀이' 등 아이가 좋아할 만한 놀이를 할 것임을 상기시킨다.

이렇게 해결해보자

분리불안은 대부분의 유아들이 겪는 것으로 시간이 지나면 자연스럽게 사라진다. 분리불안을 겪는 동안에는 엄마가 다시 돌아온다는 사실을 아이에게 계속해서 일깨워준다. 몰래 사라지는 것은 좋은 방법이 아니다. 많은 전문가들은 엄마가 몰래 사라지면 아이가 속았다는 느낌, 배신감을 느낀다고 지적한다. 아이 입장에서 찾고 있던 엄마 아빠가 자신을 두고 가버렸다는 사실을 느닷없이 알게 되는 것은 엄청난 충격일 것이다.

부모와 아이 모두 헤어지는 시간을 물리적, 감정적으로 편안하게 받아들이고 싶다면 몇 가지 시도해볼 만한 방법이 있다. 첫째, 감정에 휘둘려서는 안 된다. 부모의 행동이 아이에게 전이되고, 아이는 엄마 아빠를 시험하려 들 것이다. 침착하고, 참을성 있게 또박또박 말해준다. 아이의 두려움을 말로써 인정해주되, 아이의 행동을 부추겨서는 안 된다. 둘째, 시간을 끌지 않는다. 아이에게 사랑한다고, 엄마는 돌아올 거라고 말해준다. 엄마가 돌아오면 함께할 재미있는 놀이를 미리 생각해둘 수도 있다. 작별인사를 한번 했으면 바로 뒤돌아 나간다. 망설이거나 돌아보지 않는다. 아이, 보모, 엄마가 한꺼번에 집을 나서는 방법도 시도해보자. 나가서 아이와 보모는 어디든 재미있는 곳에 가게 한다. 셋째, 보모에게 아이의 행동이 엄마나 보모의 행동에 대한 반응이 아니라

모성센스가 이끄는 느긋한 육아

어린아이들이 정상적으로 보이는 행동임을 알려준다. 불안하다면 보모에게 전화를 걸어 엄마가 떠난 뒤 아이가 어떤지 확인해 본다. 하지만 엄마가 전화했음을 아이에게는 알리지 않는다. 대부분의 아이들은 부모가 시야에서 사라지면 괜찮아진다.

3부

과잉 육아에서
느긋한 육아로!

chapter 15

과잉 육아에서
느긋한 육아로!

　얼마 전 친구로부터 정말 재미있는 이야기를 들었다. 친구는 젊은 가족들이 많이 입주해 있는 주택 단지에서 살고 있는데 이곳은 집들이 서로 가까이 붙어 있다고 한다. 입주자들을 위한 공동 수영장, 테니스 코트, 공원, 산책로는 물론 레크리에이션 센터까지 갖추고 있어, 사람들과 어울리기 좋은, 언젠가 꼭 살아보고 싶은 그런 곳이었다. 하지만 친구의 말로는 그렇게 좋지만은 않다고 한다.

　친구는 '차고의 법칙'에 대해 설명해주었다. 어느 집의 차고 문이 닫혀 있으면, 그 집에 살고 있는 사람들은 다른 사람들과 어울리고 싶어 하지 않는 것이고, 차고 문이 열려 있으면 누구든 찾아와도 환

영한다는 무언의 규칙 같은 것이 있다고 한다. 대부분 사람들은 차고 문을 닫아놓고 산다. 친구가 사는 주택 단지에서도 차고 문을 닫아놓는 것이 암묵적인 규칙일 뿐 아니라, 그 이상의 의미를 갖는다고 한다,

이대로는 안 되겠다고 마음먹은 친구는 금요일 오후 가족 클럽이라는 것을 만들었다. 매주 금요일 오후만 되면 동네의 원칙을 과감히 깨고 차고 문을 열었고, 테이블에 간식거리와 음료를 차려놓고 누구나 와서 이용하게 했다. 매주 그녀의 집에는 아이를 데리고 찾아오는 이웃이 생겨서 관계가 쌓이고 이웃 간에도 가까워졌다. 처음에 친구는 자신의 행동이 보잘것없는 작은 일이라고 생각했지만, 단지 전체에 엄청나게 긍정적 변화를 가져왔다.

베티 리스라는 여성이 전에 이런 말을 한 적이 있다. "내가 변화를 일으키기에 너무 작은 존재라 여겨진다면, 밤새 모기 한 마리한테 시달렸던 경험을 떠올려보라." 정말 명쾌하지 않은가? 물론 모기처럼 다른 사람들에게 해악을 끼치고 싶다는 말은 아니다. (혹시라도 천국에 가서 하느님을 만나게 된다면 "도대체 모기는 왜 만드셨어요?"라고 묻고 싶다.) 타인을 위한 아주 작은 행동 하나로 우리는 이 세상에 긍정적인 변화를 가져올 수 있다는 말이다. 가령 차고 문을 열어두는 것 같은 행동 말이다.

사람들과 관계를 맺는 것은 우리 인생에서 매우 큰 의미이다.

『나 홀로 볼링』이라는 책에서 저자 로버트 D. 퍼트넘은 이렇게 썼다.

(광범위한 연구 결과를 살펴보면) 사람들과 관계를 맺으며 살아가는 것
이 매우 중요한 행복의 조건 중 하나라는 점을 확신하게 된다. 우리
가 공동체와 단단하게 결합될수록 감기, 심장마비, 뇌졸중, 암, 우울
증을 앓거나, 각종 원인에 의해 이른 나이에 사망할 위험이 줄어든
다. 가족 간의 긴밀한 결속, 친구들 간의 네트워크, 각종 사회 행사
참여, 심지어 종교 및 각종 시민단체에 가입하는 것만으로도 우리는
스스로를 보호할 수 있다.

건전한 모성센스를 가진 여성은 자신의 삶에 다른 이들이 필요하
다는 것을 알고, 혼자가 아니라 함께 살아간다는 마음가짐으로 스스
로 나서서 공동체를 만들고, 지속적인 관계를 구축해나갈 것이다.
여기부터는 그런 이야기를 하려고 한다. 다른 이들에게 기대고,
진정한 의미의 공동체에 참여하고, 하느님과 지속적인 관계를 맺음
으로써 나의 모성센스를 넘어서는 삶을 사는 이야기. 그런 삶이 우
리를 더 좋은 엄마, 아이에게 필요한 엄마가 되는 길로 이끌 것이다.

엄마들과의 교류가 어떤 도움이 되었는가?

> 내가 한 일 중 가장 잘한 일. 진짜 친구,
> 진짜 인생을 얻었다.
>
> – 홀리, 두 아이의 엄마

> 같은 어려움을 겪고, 같은 일로 마음고생하며,
> 기뻐하고 안타까워하는 다른 엄마들을 만날 수
> 있는 곳. 내가 온전히 내 자신일 수 있고 혼자
> 가 아님을 깨닫는 곳.
>
> – 첼시아, 두 아이의 엄마

> 행복한 재충전의 시간.
>
> – 샬럿, 두 아이의 엄마

> 우리 모임의 한 엄마는 모임에
> 나와야 자신이 제정신임을 확인
> 할 수 있다고 하더라. 나한테 엄
> 마 모임은 안전망이다.
>
> – 산드라, 한 아이의 엄마

> 엄마들을 만나고 우정을 쌓을 수
> 있는 최고의 방법.
>
> – 자넬, 한 아이의 엄마

chapter 16

모성센스가
알려주는 것

　어느 해 우리 부부는 아이들을 데리고 캘리포니아로 깜짝 여행을 떠났다. 디즈니랜드, 워터월드, 레고랜드 등을 방문했는데, 특히 레고랜드는 우리 아이들에게는 천국 같았다. 실물 크기의 레고 조형물, 레고 블록이 펼쳐져 있는 각양각색의 공원, 분수들, 방문객들이 물속에서 금을 찾아낼 수 있는 놀이 시설까지 모든 것이 놀라웠다. 공원 한쪽 끝에는 레고 공룡 모양의 롤러코스터도 있었다. 우리는 롤러코스터를 여러 번 탄 다음 다른 구역으로 옮겨 내가 막내 제이크에게 수유를 하는 동안 조던과 조시를 아빠가 맡아서 놀아주기로 했다. 나는 둘째 조던이 아빠를 따라갔다고 생각했는데, 남편은 조던이 나와 함께 있다고 생각했다. 결국 우리 둘 다 조던이 일행과 떨어진 것을 몰랐고, 그동안 조던은 혼자 길을 잃고 레고랜드 어딘가에서 두려움에 떨고 있었다.

약 15분 후, 막 수유를 끝내고 고개를 든 내 눈에 공원 직원 제복인 초록색 조끼와 카키색 바지를 입은 여성이 조던의 손을 잡고 우리가 있는 놀이 공간으로 오는 모습이 보였다. 조던의 얼굴에는 눈물자국이 있었다. 나는 가슴이 덜컥 내려앉았다. 조던은 날 보더니 직원의 손을 놓고 내 품으로 달려들었다. 아이가 내 목을 꼭 감는 바람에 숨이 막힐 지경이었지만, 아이가 애써 울음을 참고 있다는 것을 알 수 있었다. "조던, 괜찮아. 무슨 일이니?"

아이는 아직 말을 할 수 있는 상황이 아니라서 같이 온 직원이 대신 설명해주었다.

"금 찾기 구역 옆에서 혼자 헤매는 걸 발견했어요. 잠시 혼자 찾아다니게 두었는데, 아이가 점점 불안해하는 것 같아서 공원을 돌며 부모님을 찾았어요."

"정말 감사합니다."

아이를 찾게 되어 말할 수 없이 감사했지만, 아이를 잃어버린 것도 모르고 있었다는 사실에 기가 막혔다. 남편과 나는 금 찾기 구역 근처에서 헤어졌다. 조던은 금을 찾는다는 생각에 온통 정신이 팔려서 가족과 떨어지는 줄도 몰랐다. 그사이 나는 제이크를 데리고,

남편은 조던을 데리고 각각 흩어졌고, 조던이 정신을 차리고 주위를 둘러보았을 때는 엄마도 아빠도 거기에 없었다. 남편과 나는 서로 상대방이 조던을 데리고 있을 거라고 믿고 있었다. 조던이 처했을 상황을 떠올리니 끔찍했다. 어린 시절 길을 잃고 혼자 남겨졌을 때의 공포감을 나는 지금도 기억한다. 대부분 비슷한 기억이 있을 것이다. 사람이라면 누구나 혼자 남겨진 경험이나 외로웠던 기억을 갖고 있을 것이다. 그런 끔찍한 기억을 떠올리다 보면 사람은 혼자 살 수 없는 존재임을 새삼 확인하게 된다. 우리는 모두 태생적으로 다른 사람과의 관계 속에서 살아야만 하는 존재들이다. 혼자가 되는 것은 두렵다.

더불어 살아가는 존재라는 점이 모성센스와 어떤 관련이 있을까?

간단하다. 현명한 엄마라면 다른 사람들과 의미 있는 관계를 가꾸어나갈 것이다. 이제까지 우리는 모성센스에 관해 많은 것을 새롭게 알게 되었다. 그리고 자신의 모성센스를 사용하고, 신뢰하는 법을 연습해보았다. 이제부터는 어떻게 다른 사람들로부터 배우고, 엄마라는 여정을 함께 걸어가야 하는지 궁리하고 알아낼 차례다. 우리가 타인과의 관계 속에 있을 때 모성센스는 성장할 것이고, 그 결과 더 나은 아이들을 키워내고, 더 나은 세상을 만드는 더 나은 엄마가 될 것이다.

회복력 강한 아이로
키우려면

애너 퀸들런의 장편소설 『블레싱즈(Blessings)』에 이런 장면이 있다. 어느 십대 남녀가 깊은 밤 커다란 하얀 집으로 차를 몰고 간다. 그 저택에 남녀는 종이 상자에 든 아기를 버리고 가버린다. 저택의 관리인인 스킵은 상자 속에 잠들어 있는 여자 아기를 발견하고 아기를 키우기로 결심하는데 블레싱 가의 여주인인 고독한 노부인 리디아 블레싱이 스킵을 돕기로 한다. 스킵은 리디아의 도움이 필요하고, 리디아는 스킵과 스킵이 페이스라고 이름을 지어준 여자아이에게 마음을 열면서 자신이 누리게 된 축복을 깨닫는다.

이 이야기는 한 개인이 공동체 속에서 발견하는 소중한 자산을 훌륭하게 그려내고 있다. 소설은 사랑, 구원, 한 인간의 변화에 관한 힘 있는 이야기다. 허구이지만, 진실을 보여준다. 아이는 다 함께, 다른 사람과 진정한 관계 속에서 키우는 것이 최선이다. 많은 엄마들에게 그 '다른 사람'이란 배우자일 테지만 사정이 여의치 않다면 스킵과 리디아처럼 든든한 동반자 관계를 아이를 키우는 여정을 통해 키워나가야 한다.

YMCA와 서치 인스티튜트가 실시한 연구에 따르면 아이를 성공적으로 키우기 위해서는 다음의 다섯 가지가 꼭 필요하다.

- 지원 네트워크
- 건강하고 발전적인 부부 관계 또는 파트너 간의 강한 결속
- 기본적인 양육 기술 및 지식(모성센스)
- 감정적 회복력
- 영적 기반과 삶의 목표

"전통적으로 아이를 키우는 여성의 동반자는 남편이나 아이의 아버지였지만, 비혼모들의 증가로 남편이나 아버지 외의 성인들이 양육 동반자의 역할을 맡기도 한다."라고 셸리 래딕은 저서 『엄마학』에서 말한 바 있다. 엄마와 아빠가 모두 양육에 참여하는 것이 아이의 행복을 위한 최적의 조건이지만, 독신이든 결혼을 했든, 든든한 양육 동반자가 있다면 건강하고 회복력 강한 아이를 키우기가 훨씬 쉬워질 것이다.

저절로 유대감이
생기는 부부는 없다

만약 기혼자라면 한참 육아로 여념이 없다 하더라도 부부의 강한 결속을 소홀히 해서는 안 된다. 배우자와의 강력한 유대 관계 형성

을 위한 지속적인 노력이 필요하다.

 남편과 나는 오늘도 커피를 마신다

   아이들이 태어난 후, 반드시 남편과 함께하는 시간을 만들
어야 한다는 충고를 들은 적이 있다. 그래서 남편 폴과 나는 매
일 저녁 식사 후 '커피 타임'을 갖는다. 아이들에게는 "엄마 아
빠는 커피를 마시면서 이야기해야 하니까 그동안 너희 둘이
놀고 있어."라고 말해두었다. 아들들은 커피 타임에 익숙해져
서 우리 부부만의 시간을 존중해주었다.

   어느 날 아들 노아가 학교에서 돌아오더니 깜찍한 이야기
를 들려주었다. 같은 반 여자아이가 남자친구가 되어주지 않
겠냐고 물었다는 이야기였다. "그래서 넌 뭐라고 했니?" 내가
물었다.

   "처음엔 그냥 아무 말도 안했어요." 나는 속으로, '사내 녀석
들이란…' 하고 생각했다. "그런데 그 애가 또 다시 물어보기
에, 이번엔 나는 커피를 안 마시기 때문에 네 남자친구가 될 수
없다고 대답했어요."

   나는 터져 나오려는 웃음을 애써 참았다. 아이는 무척이나

진지했다. "그랬더니 그 여자애가 뭐라고 하든?" 내가 다시 물었다.

"그런 건 상관없대요. 커피 안 마셔도 된대요." 노아로서는 생각지도 못한 일이었나 보다. 아들의 생각에 누군가의 남자 친구가 되는 것은 함께 커피를 마신다는 의미였기 때문이다. 아들은 커피를 마시는 것이 남녀 관계를 엮어주는 것이라고 생각했다. 엄마 아빠의 그런 모습을 보고 자랐기 때문이다.

나는 우리 부부의 커피 타임이 집안에서 공식적으로 자리를 잡았다는 점이 뿌듯하다. 그래서 다른 부부들도 우리처럼 뭔가 함께할 것을 찾아보라고 권하고 싶다. 커피 타임은 남편과 나의 관계를 유지하는 좋은 매개가 되었고 아이들에게는 엄마 아빠가 함께 시간을 보내는 좋은 모범이 되었다.

미셸, 두 아이의 엄마

어린아이가 있는 부부가 둘만의 오붓한 시간을 갖는 것은 불가능해 보일 테지만 사실 그렇지만도 않다. 하루 단 15분 함께 커피를 마시는 시간이 두 사람이 함께할 수 있는 전부라 해도, 그 짧은 시간이 결혼생활에 놀라운 효과를 가져올 수 있다.

아이들이 어릴 때, 우리 부부까지 모두 네 쌍의 커플들이 시간 날 때마다 서로 아이를 봐주곤 했다. 품앗이라고 할 정도로 체계가 잡힌 모임은 아니었다. 거의 매주 네 커플 중 한 쌍이 네 집 아이들을 전부 모아놓고 돌보는 동안, 나머지 커플들은 저녁에 데이트를 즐겼다. 굉장히 재미있었다. 우리가 아이들을 돌보는 저녁이면 작은 파티가 열렸다. 아이들은 함께 즐거운 추억을 쌓고 아름다운 우정도 꽃피웠다. 십대가 된 지금도 아이들은 혈육처럼 가깝게 지낸다. 서로 마음 깊이 아끼고, 서로의 삶에 중요한 존재가 되었다. 그 아이들의 부모인 우리들도 마찬가지다.

우리는 귀중한 추억을 함께 나눴다. 숨바꼭질도 하고, 물을 뿌리거나 음식을 던지며 놀던 기억, 잠옷 차림으로 서로에게 기대어 책도 읽고 장난치던 기억, 늘 아이들을 데리러 오는 시간에 늦던 부부, 아이들에게 익힌 당근을 먹였던 부부, 놀러 나가고 싶은 마음이 너무 간절해 팔이 부러진 아이를 맡기고 외출했던 부부 이야기는 지금도 우리들끼리의 화젯거리다. 남편과 단둘만의 시간을 갖기 위해 반드시 많은 비용을 지불할 필요는 없지만, 어떤 대가를 지불하든 결혼생활에서 이러한 노력은 해볼 만한 가치가 있다.

결혼한 사람들이라면 행복한 결혼생활을 유지하기 위해 많은 노력이 필요하다는 걸 안다. 나 이외의 다른 사람과 밀접한 관계를 맺으며 살다 보면 결국 두 사람 간의 차이가 드러나게 된다. 결혼생활을 논하면서 갈등에 관해 이야기하지 않을 수 없다. 갈등이 없는 결혼생활이 가능하다면, 그것은 굉장한 축복이거나 심각한 현실 부정의 결과일 것이다.

많은 경우 시련이 결혼생활에 위기를 초래하곤 한다. 실직, 배우자의 부정, 가정 내 주도권 문제, 현실과 기대의 차이, 돈, 소통, 양가 가족, 갓난아기를 돌보는 문제, 십대 자녀, 이사 등등 부부 사이에 영향을 미치는 요소들은 너무나 많다. 많은 부부들은 어려움을 함께 극복하기보다 서로 대립하거나 외면한다.

샤우나 니퀴스트는 『괜찮아, 다 잘하지 않아도』라는 책을 통해 자신이 결혼생활에서 겪었던 어려움을 고백했다. 작가와 남편 에런은 갑작스레 직장을 잃고 큰 교회를 통해 알고 지내던 사람들과도 헤어지는 경험을 했다. "함께 대화하고 서로 들어주고 이해하면서 어려움을 헤쳐나가는 대신 우리 부부는 서로 질시하고, 따지고, 사소한 일로 다투다가 결국은 서로 무시하는 관계가 되어버렸다." 결국 두 사람은 상대의 말에 귀 기울이고 이해하며 함께 나아가는 법을 배웠지만, 시련의 시간들을 겪으면서 남편과 아내가 서로에게 준 상처는 오랜 흉터로 남았다. 부부는 함께할 때 강한 힘을 발휘해야 하지만, 그러기 위해서는 노력이 필요하다. 쉽지 않겠지만 그것이 최선이다.

▶ 안뭔가 새로운 것을 함께한다.

▶ 밖에서 만나 데이트를 하되, 아이들에 대한 이야기는 하지 않는다.

▶ 로맨틱한 여행 계획을 세운다.

▶ 상대에게 힘이 될 만한 말을 편지로 쓴다.

▶ 유쾌한 영화를 본다.

▶ 정기적으로 데이트를 한다.

▶ 매일 10분간 두 사람이 방해받지 않고 대화할 수 있는 시간을 갖는다.

▶ 함께 요리 강습을 받는다.

▶ 산책한다.

▶ 노숙자 보호시설에서 함께 자원봉사를 한다.

▶ 책을 하나 골라 함께 읽는다.

▶ 교대로 아이들을 돌볼 친구 커플을 만들어 저렴한 비용으로 데이트를 한다.

▶ 함께 즉흥적인 활동을 한다.

남편과 많이 소원해졌다고 생각되면 상담을 받아보는 것도 좋다. 결혼생활을 유지하기 위한 노력은 가정을 안전하게 지킨다는 점에서 매우 가치 있는 일이다.

부성센스는
균형 잡힌 아이로 키운다

　엄마들과 이 책에 관해 이야기하다가 남편들의 육아 상식을 못 믿겠다는 엄마들의 불평을 수도 없이 들었다. 내 친구 테사도 그런 엄마들 중 하나다. 테사는 자신의 모성센스가 정확하다는 것과 남편의 부성센스를 믿어야 한다는 두 가지 교훈을 경험을 통해 얻었다. 테사가 첫아기 닐을 낳고 아직 입원해 있는데, 닐이 대책 없이 울어댔다. 남편 제프는 아기를 담요로 너무 꽁꽁 싸매서 열이 난다고 판단했다.

　테사는 아기는 열이 나는 게 아니라고 몇 번이나 말했지만 남편이 하도 고집을 부려서 이내 포기하고 말았다. 결국 두 사람은 열을 식히기 위해 담요를 걷었다. 잠시 후, 간호사가 와서 아기의 체온을 재더니 "체온이 너무 낮으니 아기를 따뜻하게 해주어야 한다."라고 말했다. 테사는 "그것 봐, 내 말이 맞지?"라는 시선을 남편에게 보냈고, 남편도 자신이 틀렸음을 인정했다. 두 사람은 아기를 전기 히터 옆에 눕히고 테사가 아기 몸이 따뜻해질 때까지 살을 맞대고 꼭 안아주었다.

　나중에 제프는 아내에게 "아기가 열이 나는 게 아니라는 걸 어떻게 알았어?"라고 물었다. 테사는 뭐라 설명할 수가 없었다. 그저 직감했을 뿐이었기 때문이다. 제프도 점점 아내의 육감을 신뢰하게 되었고 자신만의 감을 키우려고 노력했다.

둘째 루크가 태어났다. 아기를 집에 데리고 왔을 때, 테사는 호르몬이 불안정한 상태여서 어떤 판단도 불가능했다. 심지어 파스타 면을 얼마나 삶아야 하는지도 판단이 서지 않아 집에 있던 파스타를 죄다 삶아버리기도 했다. 설상가상으로 닐은 동생이 생긴 것을 싫어했다. 닐은 화내고 샘내고 떼를 쓰면서 엄마 아빠가 자신을 안지 못하게 했다. 다행히 이때 제프의 부성센스가 제 기능을 발휘했다. 제프는 닐을 데리고 산책을 갔다 오겠다고 아내에게 말했다.

제프는 닐을 유모차에 태우고 동네를 돌아다녔다. 제프는 닐에게 필요한 것이 사랑받고 있다는 확신임을 알았다. 당시 테사는 심신이 지친 상태여서 아들의 요구를 알아챌 수도, 들어줄 수도 없었다. 그저 자신과 새로 태어난 루크를 돌보는 일이 테사가 할 수 있는 전부였다. 제프는 아들을 데리고 천천히 걷다가 유모차를 세우고 닐의 눈을 들여다보며 "사랑해, 엄마 아빠가 많이 사랑한다."라고 말해주었다. 결국 사랑한다는 말을 스무 번 쯤 듣고 나서야 닐은 팔을 내밀어 아빠에게 안겼다. 닐이 납득한 것이다. 그때부터 닐은 불안해하지 않았다. 자신이 사랑받고 있다는 것을 알았고, 아기가 새로운 가족이 되었다는 사실에도 적응해갔다.

당시 제프의 행동을 이야기하는 테사의 말투에는 지금도 애정이 가득 담겨 있다. 테사는 남편의 부성센스가 진가를 발휘하는 모습을 보았다. 아마도 그녀 자신의 모성센스가 제 기능을 못했던 때였기 때문일 것이다. 그때의 경험으로 테사는 남편을 더욱 신뢰하게 되었다. 제프도 테사처럼 부모로서의 역할을 제대로 해낼 수 있게 되었다.

어렵겠지만 아이들과 남편이 자신들만의 관계를 만들어갈 수 있도록 해주는 것이 최선이다. 남편의 부성센스는 아내의 모성센스를 보완해줄 것이다. 아이들은 엄마 아빠 모두와 좋은 관계를 맺을 때 가장 잘 자란다는 연구 결과도 있다. 엄마 아빠, 여성과 남성 모두로부터 받는 긍정적인 영향을 결합하면 아이는 틀림없이 양친 모두와 잘 지내는 균형 잡힌 아이로 성장할 것이다. 그런 아이들은 자라서도 인간관계에서 만족할 확률이 높다.

우리 엄마들은 아이들의 요구를 직관적으로 파악하다 보니 거기에 집착을 하다가 배우자(또는 함께 아이를 키우는 누군가)도 같은 것을 인식하고 있다는 점을 믿지 않는 경우가 많다. 하지만 남편들에게 자신의 부성센스를 확인할 기회를 주지 않는다면, 또는 지적과 비난만을 되풀이한다면, 남편들은 아빠로서 자신감을 키울 수 없을 것이다.

얼마 전 딸의 소리, 정확히 말하면 딸의 비명소리에 정신이 번쩍 났다. 악몽 같은 아침이었다. 청구서는 쌓여가는데 수입은 지출을 따라가지 못하고, 급하게 처리해야 하는 이메일이 잔뜩 있는데 냉장고에 아내가 붙여놓은 메모지에는 "오늘의 할 일"이 빼곡히 적혀 있었다. 집 안은 엉망이었고 아침 식사 시간에 맞추어 커피기계마저 고장 났다.

나는 아주 낙관적인 사람이다. 이 정도 문제 한두 가지쯤으로 골치 아파하지 않는다. 하지만 그날 아침에는 여러 가지 일이 한꺼번에 벌어지는 바람에 중압감이 매우 컸다. 나는 오전 내내 컴퓨터만 들여다보며 수심에 잠겨 있었다.

그때, 두 살 난 딸이 낮잠을 자다 말고 비명을 질렀다.

아이가 그렇게 소리 지르는 것은 들어본 적이 없었다. 짜증 나거나 무서워서 내는 소리가 아니라 아파서 내는 소리였다. 나는 심장이 덜컹 내려앉는 것 같은 느낌에 의자에서 벌떡 일어났다. 순식간에 그때까지 나를 압박하던 근심은 사라졌다. 그 순간 아이의 안전을 확인하는 것보다 중요한 일은 없었다.

다행히 아이는 별 문제가 없었다. 잠결에 돌아눕다 침대 난

간 사이에 다리가 낀 것뿐이었다. 10분쯤 흔들의자에 앉혀 달랜 후 빨대 컵에 우유를 담아 먹이니 아이는 다시 잠이 들었다. 새근새근.

하지만 책상에서 아이 방까지 달려가는 데 걸린 단 몇 초 만에 나는 정신이 번쩍 드는 경험을 했다. 청구서에 적힌 금액이 얼마든, 그걸 내든 못 내든 당장 굶어 죽지는 않는다. 집안일은 어떻게든 하면 되고, 못하면 다음에 하면 된다. 모두 우선순위로 따지면 그다지 중요하지 않은 문제들이다. 나의 제1급 우선순위인 내 딸이 아빠의 도움을 필요로 했다. 내 딸이 도와달라고 비명을 지르는데, 나를 막을 수 있는 것은 아무것도 없었다.

한 시간 후, 여전히 해야 할 일에는 별다른 진전이 없었지만, 딸이 낮잠에서 깨어났기에 나는 컴퓨터를 끄고 아이의 발에 샌들을 신겼다. 그리고 우리는 함께 공원에 놀러 나갔다.

페리, 한 아이의 아빠

엄마들이여, "엄마들은 늘 옳다"라는 말은 옳지 않다. 아빠들에게 맡겨보자. 조용히 입 다물고 남편들에게 부성센스를 키울 기회를 주자. 아빠와 아이의 관계가 꽃을 피우는 모습을 지켜봐주자.

모성센스가 이끄는 느긋한 육아

가족이 아닌 다른 사람과
육아 나누기

이혼했거나, 미혼이거나, 배우자를 여의었거나, 결혼생활이나 아이 아버지와의 관계에 문제가 있어서 도움을 기대할 수 없는 상황이라면, 누군가 함께 아이를 키울 수 있는 사람을 찾아야 한다. 한 연구에 따르면 든든한 동반자는 아이를 잘 키우기 위해 꼭 필요한 요소다. 어머니, 이모나 고모, 자매, 시어머니, 사촌, 친구 등 곁에서 도움을 줄 수 있는 사람이라면 누구든 좋다. 셸리 래딕은 양육 동반자의 개념을 이렇게 설명하고 있다.

함께 아이를 키우는 동반자는 이야기를 들어주고, 힘들 때 휴식을 제공해주는 등의 감정적 지지에 그치는 것이 아니라 매일매일 아이를 돌보아야 하는 책임을 수행하도록 실질적인 도움을 주어야 한다. 정신적으로 의지가 되어주는 것도 매우 중요하다. 어린이집을 선택하거나, 아이의 건강과 관련된 문제로 조사가 필요할 때 양육 파트너의 도움을 받을 수 있다. 끝으로 양육 파트너에게 영적으로 기댈 수 있어야 한다. 내 아이를 위해 기도해주고, 하느님과 튼튼한 관계 속에서 살아가는 본보기가 되어줄 수 있어야 한다.

과잉 육아에서 느긋한 육아로!

다른 누군가와 함께 아이를 키우는 것은 엄마에게뿐 아니라 아이에게도 좋은 영향을 미친다. 엄마 이외의 어른과 교감하면서 그 사람이 주는 영향을 존중하고, 그 사람과 특별한 관계를 발전시켜가는 것은 아이에게 지속적이고 긍정적인 영향을 미친다.

서치 인스티튜트는 어린아이들이 건강하고, 남을 배려하고, 책임감 있는 사람으로 성장하는 데 보탬이 되는 40가지 발달 요소들을 제시한다. 이 요소들은 아이들에게 지속적으로 영향을 미친다. 서치 인스티튜트의 연구는 피해야 할 점들보다는 모든 사람들에게 필요한 긍정적인 요소들에 집중하고 있다. 이 40가지 요소들이 아이의 삶에 녹아들게 함으로써 현명하게 판단하고 긍정적인 삶의 방식을 선택하게 할 수 있다. 40개 중 일부는 가족, 친구, 공동체로부터의 도움이 아이가 성공적인 삶을 사는 데 필요한 요소임을 근거로 하고 있는데, 이들 가족, 친구, 공동체는 아이에게 높은 수준의 일관되고 예측 가능한 사랑, 물리적 보살핌, 긍정적인 관심을 개인의 특성에 맞게 제공해야 한다. 또한 연구에서는 아이들이 부모 이외의 성인과 관계를 발전시키기를 권장한다. 부모 이외의 성인과의 관계를 통해 아이는 가족 이외의 사람으로부터 보살핌을 받는 경험을 하게 된다. 때로 아이를 사랑하는 최선의 방법은 나 아닌 다른 사람과 잠시라도 그 짐을 나누는 것이다. 아이로 하여금 부모 말고도 자신을 소중히 여기는 사람들이 있다는 것을 깨닫게 하는 것도 아이들을 사랑하는 최고의 방법일 수 있다. 40가지 요소들 모두 가정에서 실천해볼 만한 가치가 있다.

다른 사람과 함께 아이를 키움으로써 우리는 도움이 필요할 때 감정적, 물리적으로 기댈 수 있는 버팀목을 얻게 되고, 그 결과 우리의 아이들은 더욱 성숙한 인간으로 자라나게 된다.

엄마 인생에
꼭 필요한 건

성경에 나오는 이야기 중 내가 가장 좋아하는 일화가 있다. 중풍에 걸린 친구를 예수님 앞에 데려가기 위해 수단과 방법을 가리지 않았던 네 친구들의 이야기다. 처음에 친구들은 환자를 들것에 실어 설교하고 있는 집까지 엄청나게 먼 길을 날랐다. 마침내 목적지에 도착했지만 군중이 너무 많아 집 안으로 들어가기는커녕 출입문 근처에도 갈 수 없었다. 친구들은 지붕 위로 올라가 구멍을 뚫기 시작했다. 그 당시 지붕은 콘크리트 같은 진흙으로 만들어졌는데 두께가 60~90센티미터 정도는 되어서 지붕에 구멍을 내기가 쉽지 않았다. 미리 상황을 예견하고 사다리며 로프며 구멍 뚫는 연장을 챙겨왔는지, 필요한 도구를 현지에서 조달했는지 알 수는 없지만, 아무튼 친구들은 자신들이 할 수 있는 모든 시도를 했다. 불굴의 의지로 뭉친 이들은 그저 친구를 도와야 한다는 일념뿐이었다. 친구에 대한 사랑이 얼마나 대단했는지 짐작할 수 있다.

당시의 상황을 한번 머릿속에 상상해보자. 예수님의 설교를 듣고 있던 와중에 군중들의 머리 위에서 긁고 파는 소리가 들려온다. 그러더니 어느 순간 지붕 파편과 먼지가 비 오듯 머리 위로 쏟아졌다. 예수님의 머리 위로도 물론 떨어졌을 것이다. 갑자기 커다란 흙더미가 한꺼번에 툭 떨어지더니 천장에 구멍이 뚫리고, 뜨거운 햇살이 눈부시게 쏟아져 들어온다. 잠시 후, 햇빛을 가리며 들것처럼 생긴 침대가, 아마도 로프에 매달려, 천천히 천장 구멍을 통해 예수님의 발치까지 내려온다. 내가 직접 그 광경을 목격했더라면 얼마나 좋았을까. 아마도 예수님은 고개를 들어 구멍에 얼굴을 갖다 대고 불안한 표정으로 당신을 내려다보는 네 사람을 발견하고 얼굴 가득 미소를 지으셨으리라.

성경에는 이렇게 적혀 있다. "예수께서는 그들의 믿음을 보시고," 그들의 믿음, 마비된 자의 친구들의 믿음을 보시고, 그 환자를 감정적으로, 영적으로, 육체적으로 완전히 치유해주셨다. 그 남자는 자기 발로 일어나 들것을 매고 걸어 나갔다. 모두들 놀라워하며 말했다. "이런 일은 정말 처음 보는 일이다!" (마가복음 2장 1-12절)

이건 내 상상이지만, 아마도 치료받은 그 남자는 곧장 친구들에게 달려갔을 것이다. 먼지투성이가 된 남자들의 얼굴에 눈물이 길게 자국을 내며 흘렀을 것이고, 친구들은 다함께 얼싸안고 기뻐했을 것이다.

현대인들의 우정이 이 친구들의 우정을 닮는다면 어떨까. 우리 엄마들도 기쁠 때나 힘들 때나 변함없이 서로의 곁을 지켜줄 수 있다. 때로는 친구를 위해 들것을 나르고 지붕을 뚫고 그 어떤 일도 마다 않는 이가 될 수 있다. 그 어떤 어머니도 홀로 외로이 아이를 키우도록 내버려두지 않겠다는 우리의 사랑과 의지를 보고 세상 사람들은 "이런 일은 정말 처음 보는 일이다!"라고 말할 것이다.

엄마에게 친구가 없다면
엄마의 건강도 없다

친한 친구가 없는 것은 흡연만큼이나 건강에 나쁘다는 사실을 알고 있는가? 하버드 메디컬 스쿨 간호사들이 실시한 연구에 따르면 여성은 친구가 많을수록 고령화에 따른 신체기능 장애를 겪을 위험이 낮아지고, 인생을 즐겁게 영위할 가능성이 커진다. 연구 결과가 시사하는 바가 분명했기 때문에 연구자들은 가까운 친구 혹은 마음을 털어놓을 수 있는 대상이 없는 것은 흡연이나 과체중만큼이나 건강에 악영향을 미친다는 결론을 내렸다. 친구를 갖는 것이 여성의 건강에 유익한 것으로 밝혀졌고, 이는 곧 가족 전체의 건강에도 긍정적임을 의미한다. 아이를 키우느라 정신없는 엄마에게 시간을 따로 내서 친구를 만나기란 쉬운 일이 아닐 것이다. 하지만 반드시 시간을 낼 가치가 있는 일이다. 설거지나 빨래 같은 집안일을 잠시 미루고서라도 친구를 만나라.

아이들이 어릴 때, 친구와 나는 늦은 오후 저녁 식사 전에 만나곤 했다. 그 시간이 하루 중 가장 힘든 시간이었기 때문이다. 친구와 나는 농담 삼아 "해피 아워(Happy Hour, 직역하면 '행복한 시간'이라는 뜻이지만 식당이나 주점에서 가격을 할인해주는 이른 저녁 시간대를 의미하기도 한다. - 옮긴이)"라고 부르곤 했다. 나와 내 친구, 그리고 우리 아이들 모두 달리 행복할 일이 없었다. 아이들은 하루 종일 집안에 갇혀 지내느라 좀이 쑤셨고, 남편은 퇴근이 늦었고, 나도 하루의 인내심이 점점 바닥나는 시간이었기 때문이다. 친구와 나는 주로 공원에서 만나 걷거나 수영을 했고, 그러지 않으면 아이들이 모래 장난을 할 수 있는 커피숍에서 만나기도 했다. 친구와 함께 보내는 시간이 있었기에 하루 중 가장 힘들었을 시간을 즐겁게 넘길 수 있었다. 나는 늘 그 시간을 기다렸다. 아이들이 노는 동안 친구와 이야기를 나누고 나면 저녁 식사 시간에 맞춰 집으로 돌아와서도 그다지 지치지 않았다. 아이들을 남편에게 맡기고 단 몇 시간이라도 숨을 돌리고 싫다는 생각 대신, 남은 하루를 더 즐겁게 보내려는 에너지와 긍정적인 태도가 나를 다시 채웠다. 아이들은 아이들대로 신나게 놀고 난 뒤 지쳐서 일찍 잠이 들었다.

여자들의 우정이 복잡하고 때로 고통스러울 수도 있다는 점을 나도 안다. 이제 그만 새 친구를 사귈 때임을 깨달을 때, 친구와 갈등을 겪을 때, 내게 독이 되는 친구에게 작별을 고할 때, 이 모든 상황들이 우리를 힘들게 한다. 하지만 친구를 사귀고 우정을 가꿔나가기 때문에 여성들은 특히 육아 초기의 힘든 시기를 온전히 제정신으로 버틸 수 있다. 우리를 가식 없는 무방비 상태로 만드는 진짜 우정을 통해 여성은 친밀감과 애착을 느끼게 된다.

완벽한 친구란 없다. 작가 바버라 킹솔버의 친구에 대한 한마디가 마음에 와 닿는다. "멀찍이 거리를 두는 친구보다 틀린 말을 하더라도 내 손을 잡아주는 친구가 더 소중하다." 서로에게 선의를 베풀고 헌신하는 친구가 진정한 친구이며 여자의 인생에서 귀중한 선물이다.

함께 아이를 키우고, 배우고, 때로는 서로의 모성센스에 의지하는 동안 여성들은 육아라는 인생의 회오리바람을 견디며 성장하고, 서로에게서 친밀감과 위안을 얻는다.

과잉 육아에서 느긋한 육아로!

엄마는 자신을 챙겨줄
인생 선배가 필요하다

　나이나 경험에서 나보다 약간 우위의 여성을 가까이 두고 있다는 것은 더없이 소중한 행운이다. 얼마 전 나는 나이 든 여성들의 이야기를 통해 젊은 여성들을 격려하고, 세대를 뛰어넘는 우정의 소중함을 일깨워주는 책을 공동 집필한 적이 있다. 집필을 위한 사전조사 단계에서 나와 공동 집필자는 많은 여성들이 멘토를 간절히 원하지만 뜻을 이루지 못한다는 점을 깨달았다. 나 역시 마찬가지였다. 지독히 힘든 시간을 겪으면서 나보다 성숙한 여성을 만나 조언도 듣고 우정을 키우고 싶다고 기도했었다. 그러던 어느 날 체육관에서 나보다 15살가량 나이가 많고, 결혼생활이나 육아에 있어서도 선배인 주디라는 여성이 내게 다가와 먼저 인사를 했다. 주디는 나를 아는 여러 사람들과 친분이 있었던 터라 내가 겪고 있던 어려움을 잘 알고 있었다. 잠시 동안 의례적인 대화를 나누고 난 뒤 주디가 단도직입적으로 물었다. "내가 도움이 될 만한 일이 있을까요?" 나는 "가끔 만나주실 수 있나요? 조언을 구할 수 있는 분과 만나고 싶었어요."라고 대답했다. 그러자 주디는 "저도 그러고 싶어요. 저는 같이 기도할 사람을 찾고 있었어요. 저랑 같이 기도하실래요?"라고 제안했다.

우리는 정기적으로 만나 이야기를 나누고 함께 기도를 했다. 13년이 지난 지금도 우리는 여전히 만나고 있다. 주디에게라면 나는 무슨 이야기건 할 수 있다. 주디는 진실되고, 신뢰할 수 있고, 충실한 친구다. 주디는 숨김없이 내게 모든 이야기를 해주었고 그녀의 경험들은 내가 비슷한 상황에 처했을 때 나를 이끌어주었다. 결정을 내릴 때도 주디의 지혜가 도움이 되었다. 주디를 통해 어떻게 살아야 할지 영감을 얻기도 했다. 주디의 남편, 자녀들과의 관계를 통해 내 가족과의 관계를 어떻게 꾸려가야 할지 정말 많은 가르침을 얻었다.

주디와 함께 보낸 추억들 가운데 가장 좋아하는 에피소드가 있다. 어느 날 주디가 80킬로미터쯤 되는 자전거 코스를 함께 달려보지 않겠냐고 했다. 나는 정기적으로 자전거를 탔던 터라 "그 정도쯤이야"라는 생각으로 흔쾌히 응했다. 여행 당일, 나는 자전거를 손질하고 물병에 물을 채우고, 에너지 바를 챙겨 넣고, 마지막 순간에 가벼운 방수 재킷을 집어 들었다.

우리의 목적지는 콜로라도 주 볼더 시 북쪽 야트막한 언덕에 자리 잡은 골드힐이라는 작은 마을이었다. 가파른 포장도로를 따라 오르막길을 달리다 보니 어느새 아스팔트 한편에 칠해진 하얀 선만 보며 페달을 밟고 있었다. 주디는 활기찬 목소리로 주변의 풍경을 둘러보라고 해주었다. 코스를 반쯤 달렸을 즈음 내가 가져간 물과

과잉 육아에서 느긋한 육아로!

에너지 바가 동이 났다. 갈 길이 얼마나 남았는지, 앞으로 달릴 코스가 얼마나 힘들지 전혀 감을 잡지 못하고 있는 사이, 머리 위로 회색 비구름이 짙어졌다. 주디는 "저 모퉁이만 돌면 경사가 완만해질 거야."라고 말을 걸며 나를 격려했다. 주디는 전부 예상하고 있었다. 목적지에 도착한 우리는 멋진 경치도 감상하고 요기도 할 겸 잠깐 쉬기로 했다. 하지만 이미 말했듯이 나는 가져간 간식을 모두 먹어 치운 후였다. 그런데 주디가 준비해온 여분의 음식과 오렌지를 나누어 주었다. 곧 비가 내리기에 우리는 빗방울이 굵어지기 전에 서둘러 볼더 시로 돌아가기로 했다. 하지만 몇 분 지나지 않아 비가 세차게 쏟아져서 우리는 쫄딱 젖고 말았다. 나는 젖은 몸을 떨며 휴대전화가 여기서도 터지는지 확인을 해야겠다고 생각했다. 만약 통화가 된다면 남편에게 전화해 데리러 오라고 부탁할 작정이었다. 그때 주디가 도로 갓길로 자전거를 세우더니 내가 따라오기를 기다렸다. 내가 다가가자 주디는 자전거에 실린 작은 배낭에서 두 사람 분의 방수 바지, 헤드밴드, 장갑을 꺼냈다. 짐을 쌀 때부터 자신이 쓸 물건은 물론 나를 위한 여분까지 챙겼던 것이다. 전에도 여러 번 같은 코스를 달려본 주디는 무엇이 필요한지 알고 있었고, 또 내가 얼마나 대책 없는 사람인지도 알고 있었기 때문에 나를 위한 준비까지 미리 해두었던 것이다. 우리 둘의 관계를 잘 보여주는 사례이다.

주디는 우리가 서로에게 보탬이 되는 친구이며, 우리의 우정은 두 사람의 기도에 대한 대답이라고 말할 것이다. 하지만 나는 진심으로 내가 주디보다 더 많은 것을 얻고 있다고 생각한다. 그녀와의 우정과 나를 이끌어주는 그녀의 존재가 얼마나 고마운지 말로는 표현할 수 없을 정도다. 여러분도 삶에 사랑, 지혜, 신의를 불어넣어줄 누군가를 찾아 나서고, 발견하기를 바라고 기도한다.

 **How to…**

엄마들은 때때로 혼자만의 시간을 갈망하고, 그런 시간이 엄마에게 유익한 점도 있다. 하지만 혹시라도 육아라는 힘든 과제를 혼자서 감당하고 있다고 느낀 적은 없는가? 그럴 때 다른 사람들과의 교류를 위해 우리가 취할 수 있는 방법을 적어보자.

▸ 남편과의 친밀도를 1점 '매우 소원함'부터 10점 '매우 친밀함'까지 수치로 나타낸다면, 나와 남편의 관계는 몇 점일까?

▸ 혼자 아이를 키운다면 든든한 육아 파트너가 되어주는 누군가가 있는가? 만약 없다면 육아를 함께할 동반자를 찾기 위해 무엇을 할 수 있을까?

▸ 내 문제를 함께 의논하고 조언을 구할 수 있는 경험 많은 여성이 주변에 있는가? 있다면 그 여성과의 관계를 얼마나 소중하게 여기는지 글로 적어보내보자. 없다면 어떤 여성이 멘토가 되어주기를 바라는지 적어보자.

▸ 멘토를 구하기 위해 먼저 다가서기는 쉽지 않지만, 두려워하지 말고 평소 존경하는 여성에게 나와 만나줄 의향이 있는지 물어보자. 대부분의 나이 든 여성들 역시 먼저 나서기를 두려워하지만, 누군가 다가와준다면 기뻐할 것이다.

chapter 17

•

엄마 인생은
느긋한 육아에 달렸다

엄마가 되면 여성의 마음에는 새로운 창이 열린다. 엄마가 된 여성은 이전에는 몰랐던 간절한 바람을 경험하게 된다. 그것은 나를 쳐다보며 웃는 천사 같은 얼굴 때문일 수도, 감당할 수 없을 정도로 격한 사랑과 책임감 때문일 수도 있다. 인생의 이렇듯 특별한 순간으로 인해, 많은 엄마들은 신앙에 대해 새롭게 눈을 뜨게 된다.

베일러 대학에서 실시한 미국인들의 신앙생활 실태 조사는 다음과 같은 사실을 밝혀냈다.

· 일반적으로 아이를 키우는 어머니들은 예배에 참석하는 횟수가

한 달에 최소 2회 이상으로 아이가 없는 여성보다 21퍼센트 더 많다.

· 종교가 없는 경우에도 아이가 있는 부모(여성 또는 남성)는 월 2회 이상 예배에 참석할 확률이 아이가 없는 사람들보다 50퍼센트 높다.

· 적어도 아이가 없는 사람들보다 아이를 키우는 부모들이 교회에 갈 가능성이 훨씬 더 높다는 것을 알 수 있다.

이제 신앙을 우리 개개인의 삶과 연관 지어보자. 종교를 갖는 것이 아이들에게 좋다는 것은 이미 알고 있다. 그렇다면 엄마들에게는 어떨까?

나 자신이
중요한 엄마 인생

자신이 눈에 보이는 것보다 훨씬 더 큰 어떤 존재의 일부라고 느낀 적이 있는가? 가끔 진지한 생각에 깊이 잠길 만큼 시간 여유가 생기면 (드문 경우이긴 하지만) 나는 하루하루 눈에 보이는 것보다 위대한 뭔가가 일어나고 있음을 느낀다.

주위로 시선을 돌려 다른 이들을 본다. 많은 사람들이 눈에 들어온다. 뒤뚱거리며 걷는 강아지를 데리고 아기를 태운 유모차를 밀면서 길을 가는 아기 엄마, 빨강과 초록이 들어간 플란넬 잠옷을 입고 자기 집 현관 앞에 앉아 조간신문을 읽는 아흔 살의 이웃 노인, 팔에 뱀 문신을 하고 내게 차이 티 라테를 서빙해주는 대학생쯤 되어 보이는 커피 가게 아가씨, 모퉁이에서 구걸을 하는 노숙자(이 사람은 볼 때마다 '저 사람 엄마도 저 사실을 알까?'라는 의문을 떨칠 수 없다.), 식탁에 둘러앉아 얼마 전 휴가 갔던 이야기를 나누고 있는 나의 부모님과 자매들, 서로 장난치며 미래의 모험에 들떠 있는 조카들, 사무실 소파에 앉아 기타를 튕기는 남편 제인, 남편과 나를 조금씩 닮은 아이들……. 이들을 보면서 나는 뭔가 위대한 일이 일어나고 있고, 내가 그 일의 일부임을 감지한다.

내 삶 속에 존재하는 놀라운 사람들 덕분에 나는 신의 존재를 점점 더 크게 인식한다. 매일매일 삶 속에, 도처에 기적이 보인다. 태양이 떠올랐다 지고, 하늘에서 나풀나풀 차가운 눈이 내려 온 세상을 덮고, 꽃은 햇빛을 받아 부드럽게 펼쳐 보였던 꽃잎을 조용히 거두고, 집 근처 산책로에 보라색 나비 떼가 무리지어 날고, 새들은 비 온 뒤 보도 위에 생긴 웅덩이에 내려와 물장난을 치고, 나는 뒤뜰 체리나무에서 열매를 따 먹는다. 그러면서 나는 느낀다. 내가 아름답고 위대한 존재의 일부라는 분명한 사실을.

신을 느낌으로써 나는 전에는 보지 못했던 아름다움을 새로이 발

모성센스가 이끄는 느긋한 육아

견한다.

얼마 전 가족들과 그랜드캐니언에 놀러 갔었다. 누구나 올라가 보는 그 전망대에 올라서서 나는 경외를 느꼈다. 경이로운 자연 앞에서 바위를 타 넘으며 놀기도 하고, 카메라 앞에서 포즈를 취해보기도 하는 아이들을 보면서 나는 생각했다. '이것이 우연일 리 없어.' 이 놀라운 자연의 아름다움, 깊이, 색조, 웅장함과 이 모든 것을 나와 함께 누리고 있는 사람들로 인해 나는 그 어느 때보다 신의 존재를 확신하고, 내가 신의 더 큰 뜻과 계획의 일부임을 확인했다.

예를 들어, 인간의 몸은 어떤가? 인체의 정교함은 인간의 이해력으로는 헤아릴 수 없을 정도다.

- 인간의 폐에는 모세혈관이 30만 개 있다. 이 혈관들을 한 줄로 이으면 2.4킬로미터에 달한다.
- 인간의 뼈가 지탱하는 힘은 화강암의 견고함에 맞먹는다.
- 손톱과 발톱이 뿌리에서 끝까지 자라는 데 6개월이 걸린다.
- 인간의 신장에는 필터가 각각 100만 개 있어서 1분당 평균 1리터 이상의 혈액을 걸러준다.
- 눈의 초점을 맞추는 근육은 하루에 약 10만 번 움직인다. 다리 근육을 같은 횟수만큼 움직이려면 하루 80킬로미터를 걸어야 한다.
- 보통 사람의 몸이 30분 동안 내뿜는 열로 약 2리터의 물을 끓일 수

있다.

- 사람의 혈액 세포 하나가 몸 전체를 순환하는 데 걸리는 시간은 단 60초이다.
- 과학자들이 밝혀낸 간의 기능은 500가지가 넘는다.
- 사람의 폐는 좌우 크기가 다르다. 심장이 차지하는 공간 때문이다.
- 사람마다 혓바닥에는 고유의 무늬가 있다.
- 재채기가 입에서 나오는 속도는 시속 160킬로미터가 넘는다.
- 치아는 사람의 몸에서 유일하게 재생 능력이 없는 기관이다.

인체에 관한 이 놀라운 사실들은 신이 인간을 사랑하여 창조했다는 사실을 더욱 분명히 깨닫게 한다. 이 세상 모든 어머니, 아버지, 자녀들이 제각각 유일무이한 존재임은 경이롭다. 말로 표현이 불가능하다.

모성센스 그 이상을 지향하는 삶은 나 자신이 중요한 존재이고 더 큰 뭔가의 일부라는 사실과 무관하지 않으며, 신에 대한 인식이 커져가는 것이기도 하다. 우리는 애초에 혼자 살도록 창조되지 않았다. 우리는 관계를 맺으며 살아가도록 창조되었다.

하지만 다른 사람들과 더불어, 사랑하는 사람들과 관계를 맺으며 살아가는 중에도 우리는 여전히 공허함을 느낀다. 만족하지 못하는 우리 안의 한 부분이 있어 자꾸만 뭔가가 부족하다고 느끼게 된다.

모성센스가 이끄는 느긋한 육아

어떤 사람이나 명분으로도 채울 수 없는 이 허전함을 채울 수 있는 것은 신과의 관계뿐이다.

친구와도 이야기해보고, 모임도 찾아보고, 성서도 읽으면서 세상에서 가장 멋진 관계를 가꾸어보자. 관계라는 것이 모두 그렇듯, 서로를 더 알아감에 따라 더 가까워질 것이다.

인생처럼 육아도 실험의 연속이다. 우리는 무수히 많은 시도를 한다. 성공도 하고, 실패도 하고, 그러면서 또다시 시도한다.

모성센스를 발견해 실행해보고, 그로부터 얻은 지식을 확장하고, 타인 혹은 신과의 관계 속에서 모성센스 그 이상의 삶을 살아가는 과정을 우리는 일생 동안 계속할 것이다. 오늘 우리가 발견한 모성센스는 영원히 우리의 한 부분으로 남아 계속 성장하고 변화할 것이며, 우리 또한 그럴 것이다.

지금까지 우리는 스스로에 대해 중요한 결정을 내릴 때 어떻게 해야 하는지에 대해 많은 것을 알게 되었다. 또 건강한 가족들의 밑바탕에 깔려 있는 큰 특징들을 통해 부모로서 어떻게 양육 철학을 만들어가야 할지도 배웠다. 우리는 배운 것들을 끊임없이 반복해서 습득하고 전파해야 한다. 그러면서 우리는 계속 크고 작은 것들을 배워나갈 것이다. 어머니로서 아이를 키우는 과정은 결코 끝나지 않는다. 우리 앞에는 육아라는 실험을 통해 개인적으로 발전하

고, 서로 성공과 실패담을 나누면서 함께 성장해갈 수 있는 끝없는
기회가 펼쳐져 있다.

어머니라는 이름의 유대

최근에 〈베이비(Babies. 리얼다큐스토리, 2010, 프랑스)〉라는 다큐멘터
리 영화를 본 적이 있다. 서로 다른 네 나라에서 태어난 네 명의 아
기들의 생후 1년을 기록한 멋진 영화였다. 아기들은 전혀 다른 문
화에서 태어나 전혀 다른 경험을 했고, 엄마들의 양육 방식 또한 크
게 상이했지만, 나는 그 네 명의 엄마들을 보면서 놀라운 동질감을
느꼈다. 어디에 살든 엄마들에게는 모성센스라는 것이 존재하기 때
문일 것이다.

엄마들 사이에는 사랑, 아기들의 요구, 기쁨, 육아의 어려움에 대
한 공감대가 형성된다. 엄마들끼리는 금방 서로 통한다. 다른 엄마
들도 우리처럼 모성센스가 필요함을 알기 때문이다. 우리는 같은
종족이다. 당면한 현실을 초월하는 공통분모가 있기 때문이다. 어
디에서 무엇을 하며 살든, 기혼이든 미혼이든, 피부색, 머리색, 손톱
색이 어떠하든, 엄마라면 누구나 이해하는 뭔가가 있다. 이제부터

'맘 스토리'에서 소개하는 두 엄마는 극한의 공포 상황에서 그렇게 서로를 이해했다.

 허드슨 강의 기적, 그 현장에서

　뉴욕을 출발해 노스캐롤라이나 샬럿으로 향하는 비행기 안. 나는 기내용 가방을 좌석 위 짐칸에 겨우 올려놓았다. 정신없이 바쁜 출장 일정으로 녹초가 된 나는 어서 남편과 세 아이들을 만나고 싶은 마음뿐이었다. 자리에 앉으려던 나의 시선에 등받이에 걸려 있는 파란색 아기 담요가 들어왔다. 손가락 사이에 부드러운 감촉을 느끼며 나는 담요를 들어 승무원에게 건넸고, 승무원은 뒤쪽 갤리(기내 주방)에서 아기를 안고 있던 여성에게 담요를 전해주었다.

　맨 뒤에 앉은 나는 주전부리도 하고 남편과 여동생으로부터 걸려온 전화도 받으면서 빨리 탑승을 마치고 비행기가 이륙하기만을 기다렸다. 새로 생긴 애완견에게 어떤 사료를 사 먹여야 하는지 심각하게 묻는 남편의 질문에는 웃음이 나왔다. 그때까지만 해도 내 생애 가장 두려운 순간이 다가오고 있다는 사실은 꿈에도 몰랐다.

드디어 게이트와 분리된 비행기가 활주로 위를 달리면서 이륙했다. 고도가 높아지는가 싶더니 '쿵' 하는 소리가 들렸다. 깜짝 놀란 나는 옆자리에서 창밖을 내다보고 있던 승객에게 물었다.

"좀 전에 무슨 소리였어요?"

"새가 한 마리 있었어요."

잠시 후 비행기 좌측에서 연기가 피어오르며 냄새가 나더니 엔진 소리가 멈췄다. 기내는 불안할 정도로 조용했다. 뭔가 대단히 심각한 문제가 발생했음을 감지할 수 있었다. 나는 터져 나오려는 비명을 겨우 억눌렀지만, 쿵쾅거리는 심장 박동 소리가 옆 승객에게 들리지 않을까 싶을 지경이었다. 고요한 기내에 기장의 목소리가 울려 퍼졌다.

"기장입니다. 충격에 대비하십시오."

머리를 무릎에 바싹 붙인 채 아이들을 떠올렸다. 내가 죽으면 아이들의 생일 파티랑 결혼식은 누가 책임질까? 이대로 죽나 보다 하는 생각밖에 안 들었다. 상황은 급속도로 진행되었다. 비행기는 아래로 향하더니 수면에 부딪쳤다. 기장의 순간적인 판단력으로 허드슨 강에 착륙한 것이다. 첨벙하는 소리에 이어 빠르게 물 흘러가는 소리가 들렸다. 불시착인데도 충격이 적다며 감탄했던 것이 지금도 기억난다. "이럴 수가, 살았어!"라고 나는 생각했다.

좌석벨트를 풀고 뒤쪽 가장 가까운 비상구로 달려갔다. 갤리로 가 보니 승무원이 후면 좌측 문을 약간 열었지만 수압으로 인해 더 이상 벌어지지 않았다. 나도 승무원을 도와 힘껏 문을 밀어보았지만 소용없었다. 이번엔 우측 문으로 가 열려고 해보았지만 꼼짝 않기는 마찬가지였다. 벌어진 문틈으로 강물이 쏟아져 들어오자 승무원이 소리쳤다. "비행기가 물에 빠졌어요. 모두 날개 쪽으로 가세요!" 승무원은 나를 보고 "2분 남았습니다."라고 말하더니 통로를 따라 앞쪽으로 달려갔다. 쏟아져 들어온 차가운 강물이 내 가슴까지 차올랐다. 비행기가 추락했는데도 살아남았다며 안도하던 나는 이제 익사할지도 모른다는 두려움을 느꼈다. 시선을 돌려보니 아직도 갤리 쪽으로 달려오는 사람들이 있었다. 나는 두 손을 들고 소리쳤다. "날개로 가세요. 이쪽에는 탈출구가 없어요. 날개로 가야 해요." 내 말을 듣고 상황을 이해한 사람들이 방향을 돌리기 시작했다. 나는 계속해서 같은 말을 반복했다. 마침내 나도 겨우겨우 강물을 헤치고 열려 있는 비상구로 향했다. 사람들이 비행기를 빠져나가고 있었다.

"우리는 살 수 있어요. 계속 움직이세요. 꼭 구조될 거예요." 나는 탈출구가 가까워지는 것을 보며 흥분해서 외쳤다.

나는 거의 맨 마지막에 비행기를 탈출해 날개 위에 올라섰다. 어두운 강물이 발아래 흐르고 있었다. 벌써 구조용 보트에 올라탄 사람들도 있었다. 그때 내 눈에 그녀가 들어왔다. 아까 본 그 아기 엄마였다. 그녀는 한 팔에 아기를 안고 다른 쪽 손으로 어린 여자아이의 손을 잡은 채 잔뜩 긴장한 듯 서 있었다. 여자아이는 아까 내 자리에 걸려 있던 파란 담요를 안고 있었다.

구조 보트에 탄 사람들이 "아기를 던져요!"라고 소리쳤다. 나의 온 신경이 아기와 엄마에게 쏠렸다. 나의 모성센스가 발휘되는 순간이었다. 아기를 던지는 것은 좋은 생각이 아니며, 추락한 비행기에서 탈출한 아기 엄마가 아기를 보트로 던질 리가 없다는 것을 나는 알고 있었다. 내 도움이 필요했다. 당시의 내 상태를 말로 표현한다면 '엄마 모드'로 전환되었다고나 할까? 나는 구조 보트 뒤쪽으로 한쪽 발을 내딛었다. 한 발은 보트 위에, 다른 발은 비행기 날개 위에 딛고 선 채, 겁에 질린 어머니를 부드럽게 설득했다. "아기를 주세요." 그 순간, 아기 엄마와 나는 서로 같은 생각을 했다. 그녀도 내가 아이를 키우는 엄마라는 것을 알았고, 그래서 나를 믿었다. 그녀는 아기를 내게 넘겨주고 나는 아기를 받아 보트 위에 안전하게 자리 잡은 남성에게 아기를 전달했다. 나는 다시 아기 엄마를 보며 말했다. "이제 큰애를 보내세요." 엄마는 딸아이를 내게 보냈고, 나는 여자아이를 무릎 위에 안고 보트 뒤쪽 끄트머리에 앉았다.

페리선이 구조에 적당한 위치로 배를 댈 때까지 약 10분에서 15분간 나는 여자아이의 머리를 쓰다듬으며 용감하게 잘했다고, 이제 괜찮다고 말해주었다. 내 아이들이라면 같은 상황에서 무엇을 필요로 할지 나는 잘 알고 있었다. 내가 느낀 또 다른 어머니와의 유대는 놀라운 것이었다. 우리는 서로의 마음, 서로의 공포를 느꼈고, 아이들에게 무엇이 필요한지를 이해한 것은 물론, 말로는 설명할 수 없는 많은 것을 함께 나누었다.

밸리, 세 아이의 엄마

밸리와 비행기에 탑승한 또 다른 엄마는 순간적으로 서로 소통했다. 그들 사이에 신뢰와 이해가 형성되었다. 밸리의 모성센스 레이더는 아이를 데리고 비행기에 탔다가 사고를 당한 엄마의 불안감과 그녀에게 지금 필요한 것이 무엇인지를 감지했다. '엄마모드'로 전환한 밸리는 엄마가 아니면 알 수 없는 방법으로 다른 여성을 도왔다.

과잉 육아에서 느긋한 육아로!

나는 우리가 엄마로서 겪는 삶이 특별하다고 믿는다. 나는 이 책을 읽는 엄마들이 용감하게, 사랑과 직관과 지각을 가지고, 엄마로서의 역할을 당당히 수행하기를 희망하고 기도한다. 우리가 우리 아이들에게 꼭 필요한 엄마가 될 것이라는 믿음을 항상 잃지 않기를 희망하고 기도한다.

앞으로의 삶에서도 우리의 모성센스를 믿어보자. 우리는 우리가 생각하는 것보다 더 많은 것을 알고 있다.

그리고 이제부터
해야 할 일

이제부터 각자가 가진 특별한 모성센스에 대해 배운 것들을 날마다 과감하게 실천해보자. 더 좋은 엄마, 사람들을 가까이하고 신을 믿는 그런 좋은 엄마가 되기 위한 첫걸음을 시작해 보자.

어머니들은 사회에 지대한 영향력을 미치고 문화를 형성하는 데에도 중요한 역할을 한다. 베스트셀러 작가 릭 워렌은 2004년 몹스 국제회의에서 "문화를 변화시키는 데 어머니들만큼 중요한 역할을 하는 사람들도 없다."라고 말했다. 정말 그렇다! 우리는 세상을 바꿀 수 있다. 그때그때 조금씩이지만.

아이들, 배우자, 확장된 의미의 가족, 우리가 속한 사회에 우리가 미치는 영향력은 엄청난 파급효과를 갖는다. 우리가 하는 모든 행동, 우리가 영향을 미치는 모든 사람들이 의미를 갖는다. 어머니는 중요한 존재이며, 어머니들이 이 세상을 근사하게 만들 수 있음을 인식하고 당당하게 살자.

우리가 가진 모성센스를 행동으로 옮기자. 우리 아이들에게 필요한 어머니, 이 세상에 필요한 여성으로 거듭날 수 있을 것이다.

과잉 육아에서 느긋한 육아로!